应用型本科院校计算机类专业校企合作实训系列教材

U0734973

大型数据库系统应用 (Oracle 11g) 实验教程

主　编　杨　宁
副主编　杨蔚鸣　申　强

南京大学出版社

应用型本科院校计算机类专业校企合作
实训系列教材编委会

主 任 委 员：刘维周

副主任委员：张相学　徐　琪　杨种学（常务）

委　　　员（以姓氏笔画为序）：

王小正　王江平　王　燕　田丰春　曲　波

李　朔　李　滢　闵宇峰　杨　宁　杨立林

杨蔚鸣　郑　豪　徐家喜　谢　静　潘　雷

序　言

在当前的信息时代和知识经济时代,计算机科学与信息技术的应用已经渗透到国民生活的方方面面,成为推动社会进步和经济发展的重要引擎。

随着产业进步、学科发展和社会分工的进一步精细化,计算机学科新知识、新领域层出不穷,多学科交叉与融合的计算机学科新形态正逐渐形成。2012 年,国家教育部公布《普通高等学校本科专业目录(2012 年)》中将计算机类专业分为计算机科学与技术、软件工程、网络工程、物联网工程、信息安全、数字媒体技术等专业。

随着国家信息化步伐的加快和我国高等教育逐步走向大众化,计算机类专业人才培养不仅在数量的增加上也在质量的提高上对目前的计算机类专业教育提出更为迫切的要求。社会需要计算机类专业的教学内容的更新周期越来越短,相应地,我国计算机类专业教育也在将改革的目标与重点聚焦于如何培养能够适应社会经济发展需要的高素质工程应用型人才。

作为应用型地方本科高校,南京晓庄学院计算机类专业在多年实践中,逐步形成了陶行知“教学做合一”思想与国际工程教育理念相融合的独具晓庄特色的工程教育新理念。学生在社会生产实践的“做”中产生专业学习需求和形成专业认同,在“做”中增强实践能力和创新能力,在“做”中生成和创造新知识,在“做”中涵养基本人格和公民意识;同时要求学生遵循工程教育理念,标准的“做”,系统的“做”,科学的“做”,创造的“做”。

实训实践环节是应用型本科院校人才培养的重要手段之一,是应用型人才培养目标得以实现的重要保证。当前市场上一些实训实践教材导向性不明显,可操作性不强,系统性不够,与社会生产实际联系不紧。总体上来说没有形成系列,同一专业的不同实训实践教材重复较多,且教材之间的衔接不够。

《教育部关于“十二五”普通高等教育本科教材建设的若干意见(教高[2011]05 号)》要求重视和发挥行业协会和知名企业在教材建设中的作用,鼓励行业协会和企业利用其具有的行业资源和人才优势,开发贴近经济社会实际的教材和高质量的实践教材。南京晓庄学院计算机类专业积极开展校企联合实训实践教材建设工作,与国内多家知名企业共同规划建设“应用型本科院校计算机类专业校企合作实训系列教材”。

本系列教材是基于计算机学科和计算机类专业课程体系建设基本成熟的基础上,参考《中国计算机科学与技术学科教程 2002》(China Computing Curricula 2002,简称 CCC2002)并借鉴 ACM 和 IEEE CC2005 课程体系,经过认真的市场调研,我校优秀教学科研骨干和行业企业专家通力合作而成的,力求充分体现科学性、先进性、工程性。

本系列教材在规划建设过程中体现了如下一些基本组织原则和特点。

1. 贯彻了"大课程观、大教学观"和"大工程观"的教学理念。教材内容的组织和案例的甄选充分考虑复杂工程背景和宏大工程视野下的工程项目组织、实施和管理,注重强化了具有团队协作意识、创新精神等优秀人格素养的卓越工程师培养。

2. 体现了计算机学科发展趋势和技术进步。教材内容适应社会对现代计算机工程人才培养的需求,反映了基本理论和原理的综合应用,反映了教学体系的调整和教学内容的及时更新,注重将有关技术进步的新成果、新应用纳入教材内容,妥善处理了传统知识的继承与现代工程方法的引进。

3. 反映了计算机类专业改革和人才培养需要。教材规划以 2012 年教育部公布的新专业目录为依据,正确把握了计算机类专业教学内容和课程体系的改革方向。在教材内容和编写体系方面注重了学思结合、知行合一和因材施教,强化了以适应社会需要为目标的教学内容改革,由知识本位转向能力本位,体现了知识、能力、素质协调发展的要求。

4. 整合了行业企业的优质技术资源和项目资源。教材采用校企联合开发和建设的模式,充分利用行业专家、企业工程师和项目经理的项目组织、管理、实施经验的优势,将企业的实际实施的工程项目分解为若干可独立执行的案例,注重了问题探究、案例讨论、项目参与式教育教学方式方法的运用。

5. 突出了应用型本科院校基本特点。教材内容以适应社会需要为目标,突出"应用型"的基本特色,围绕培养目标,以工程应用为背景,通过理论与实践相结合,重视学生的工程应用能力的培养,增强学生的技能的应用。

相信通过这套"应用型本科院校计算机类专业校企合作实训系列教材"的规划出版,能够在形式上和内容上显著提高我国应用型本科院校计算机类专业实践教材的整体水平,继而提高计算机类专业人才培养质量,培养出符合经济社会发展需要和产业需求的高素质工程应用型人才。

李洪天

南京晓庄学院党委书记　教授

前　　言

ORACLE 虽然规模很大，但名声不像微软、IBM 那样显赫，很多非计算机专业的在校学生都不知道 Oracle 是何物。但是如果你是一位想在毕业后进入 IT 行业的学生，那么，你必须知道什么是 Oracle。

作者积累多年一线 Oracle 教学与项目开发经验，编写了这本实验教程。本书由浅入深，层层深入，理论与实践相结合，突出实践操作，所有案例都在实践中得到验证。同时，每个实验都配有上机作业，强化读者数据库应用能力的培养。

《大型数据库系统应用(Oracle 11g)实验教程》是针对《大型数据库系统应用》课程编写的一门综合实验教程，它以 Oracle 11g R2 for Windows XP 为平台，由浅入深地介绍了 Oracle 11g 系统的使用方法和基本管理的实验操作，使学生较为系统地掌握 Oracle 数据库的基本开发方法。

本书共有 20 个实验项目。其特色介绍了 VB、VC++、ASP 开发工具与 Oracle 的连接，培养学生的项目应用能力。本实验教程结合了大型数据库教学的相关问题，并针对 Oracle 的实际应用，设置了 VB、VC++、ASP 与 Oracle 连接方面的应用实验，加大了项目应用的训练，从而提高学生的 Oracle 数据库的程序编程能力。

适合作为数据库、软件工程、网络工程等相关专业大学本科、研究生的相关课程的实验教材，也适用于各种 Oracle 大型数据库的培训与认证；同时还可供广大数据库应用开发人员参考。

本书在编写过程中得到南京晓庄学院数学与信息技术学院杨种学老师的帮助和支持，特此表示感谢。

由于 Oracle 数据库知识繁杂，作者水平有限，以及编写时间仓促，本书中错误或不妥之处难免，敬请读者批评指正。作者 E - Mail:njyn2003@163.com

杨　宁

2013 年 1 月

目　　录

实验一　Oracle 11g R2 for windows 的安装

一、实验目的

1. 掌握 Oracle Database 11g 在 Windows 平台上的安装过程；
2. 掌握 Oracle 账户解锁。

二、实验内容

1. 下载 Oracle 11g R2 的 Windows 版本，官方网站地址如下：
http://www.oracle.com/otn/nt/oracle11g/112010/win32_11gR2_database_1of2.zip；
http://www.oracle.com/otn/nt/oracle11g/112010/win32_11gR2_database_2of2.zip。
2. 将两个压缩包解压到同一个目录下（默认为 database）。
3. 执行安装程序将会弹出一个命令提示行窗口，等待片刻就会出现启动画面，接着进入如下安装界面，根据个人情况确定是否选择希望通过 My Oracle Support 接收安全更新（一般不选），然后点击"下一步"。如图 1-1 所示。

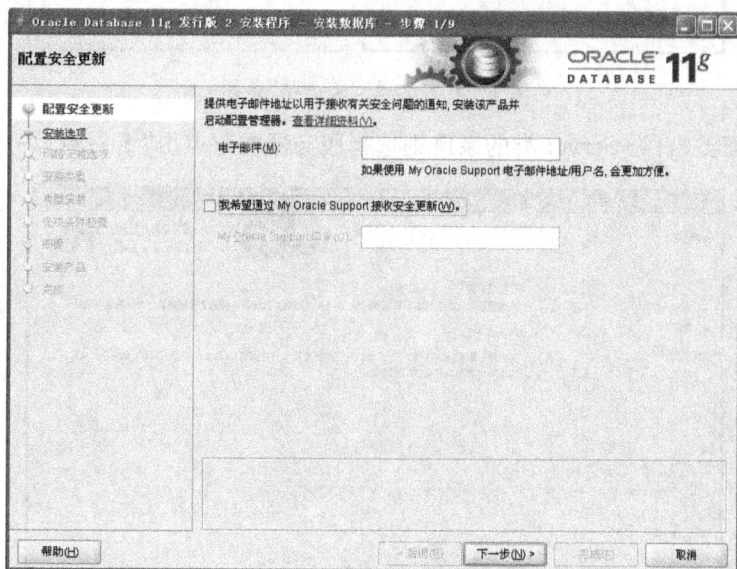

图 1-1　"配置安全更新"界面

图 1-2　"未指定电子邮件"界面

4. 选择创建和配置数据库,点击"下一步"。如图 1-3 所示。

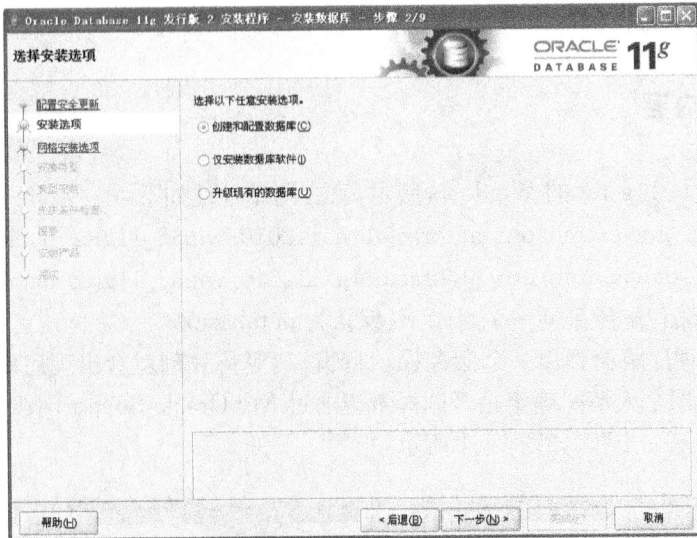

图 1-3　"选择安装选项"界面

5. 选择桌面类(若为 Server 类的系统则选择服务器类),点击"下一步"。如图 1-4 所示。

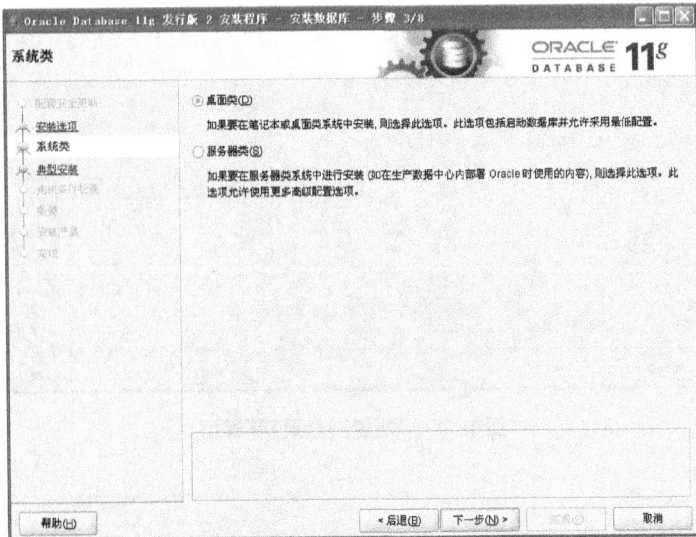

图 1-4　"系统类"界面

6. 根据个人需要更改各项路径(建议默认);输入管理口令并确认口令,需要注意的是该版Oracle强制输入的口令必须为至少包含大小写和数字的复杂密码形式,否则不能进行下一步。输入完毕后下一步。如图1-5所示。

图1-5　"典型安装配置"界面

7. 安装程序会进行安装的先决条件检查等待检查完毕,点击"下一步"。如图1-6所示。

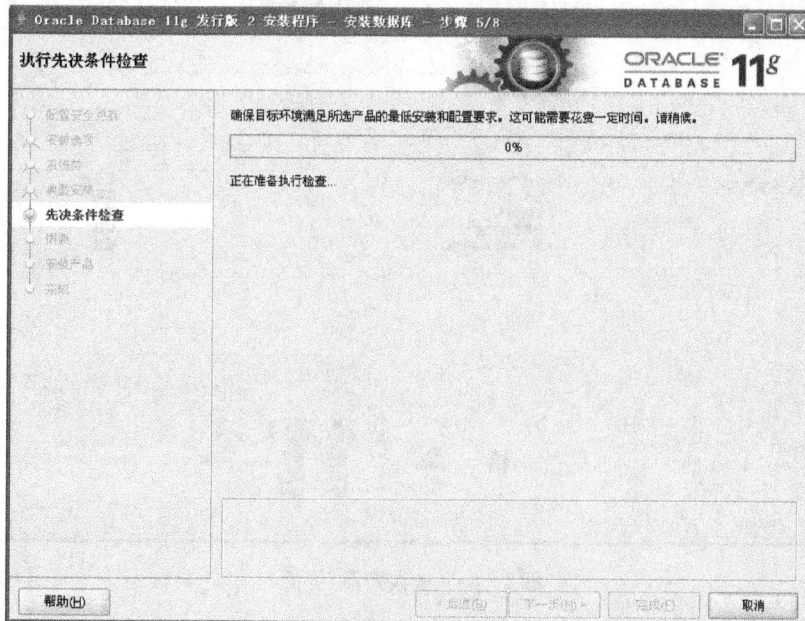

图1-6　"执行先决条件检查"界面

8. 显示安装信息的概要情况，确认后点击"完成"进入安装步骤。如图1-7所示。

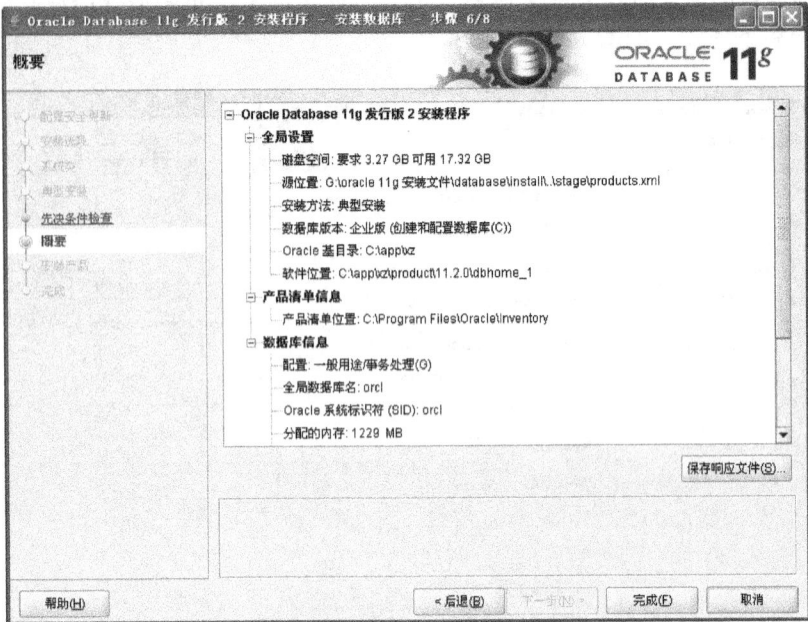

图1-7　"概要"界面

9. 等待程序的安装。如图1-8所示。

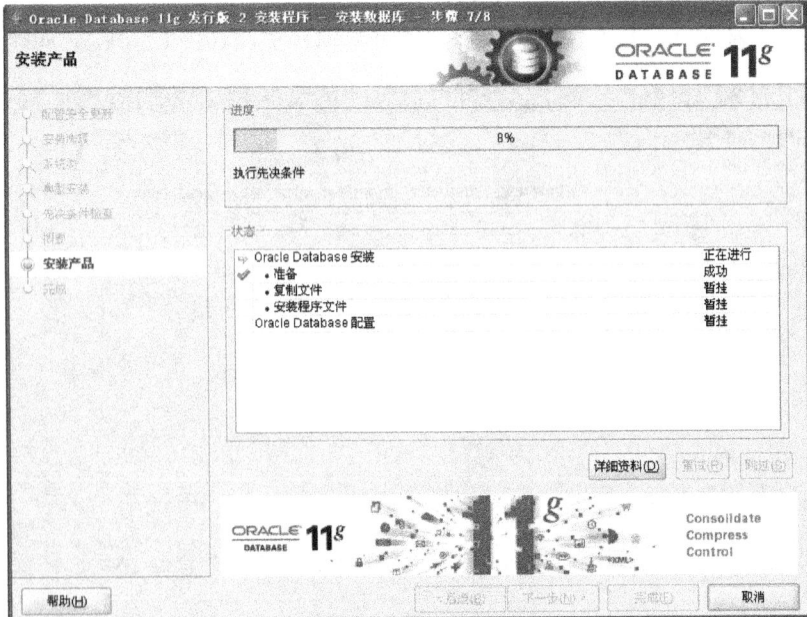

图1-8　"安装产品"界面

10. 程序文件安装完成后会开始进入 Oracle Database 的配置。配置过程中会出现如下新窗口，等待数据库的创建。如图1-9所示。

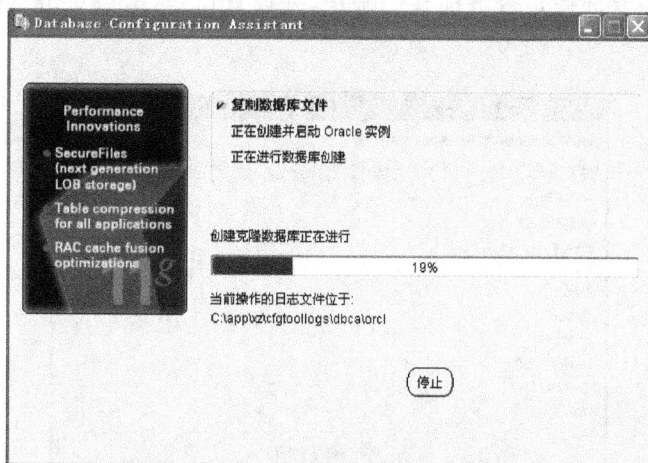

图 1- 9　"数据库配置助手"界面

11. 创建完数据库后会出现如下信息提示。若需在此时进行帐户解锁及口令管理则单击"口令管理"。如图 1 - 10 所示。

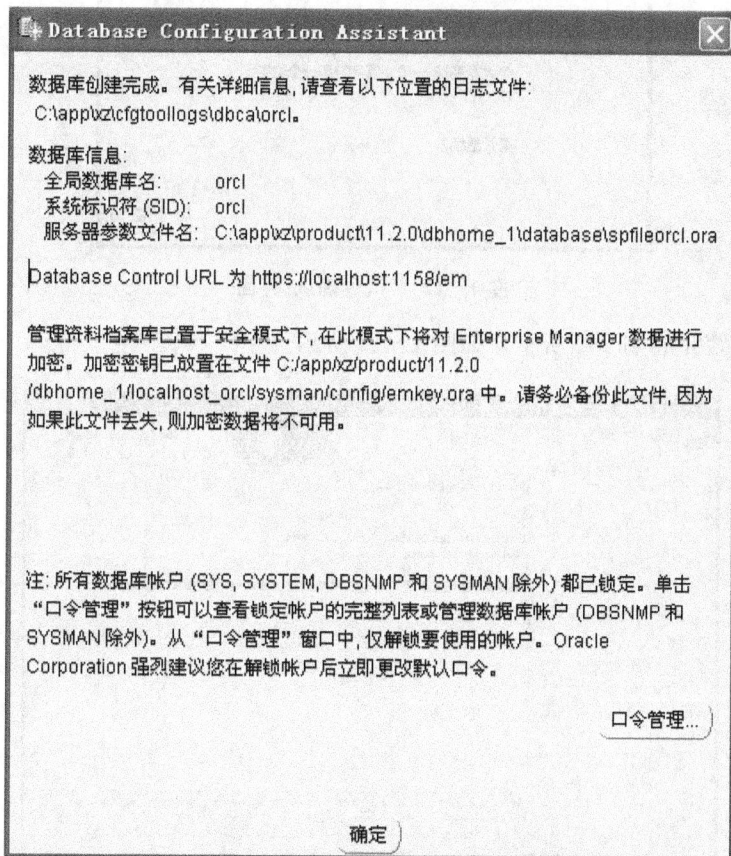

图 1- 10　"数据库信息"界面

12. 根据个人需要选择是否解锁某一帐户,并设置口令,最后点击"确定"。如图 1-11 所示。

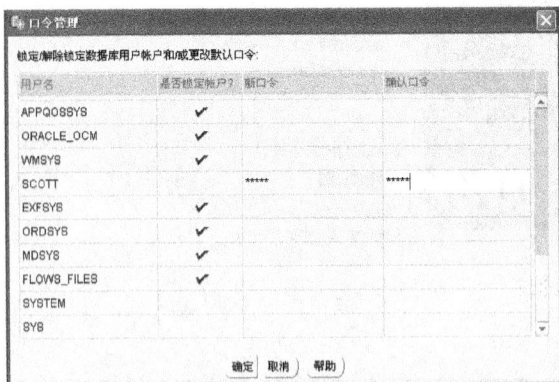

图 1-11　"口令管理"界面

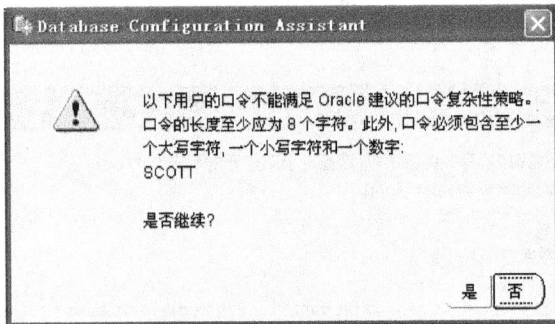

图 1-12　"口令确认"界面

13. 最后安装完成如下图所示。如图 1-13 所示。

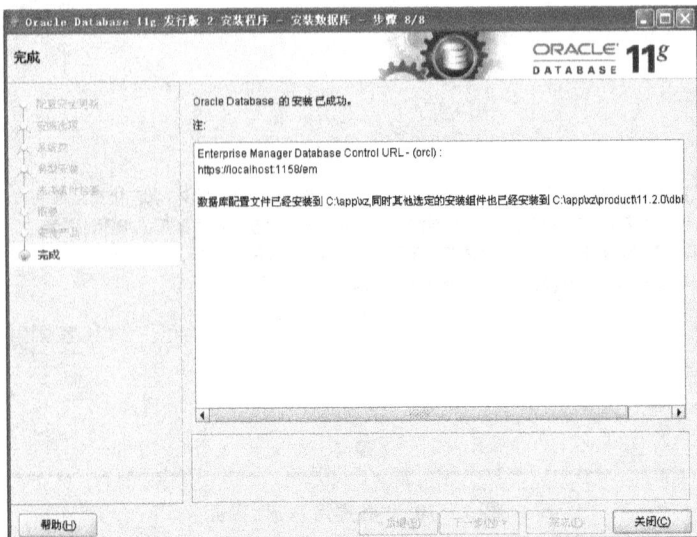

图 1-13　"完成"界面

14. 查看安装情况：

（1）目录结构：

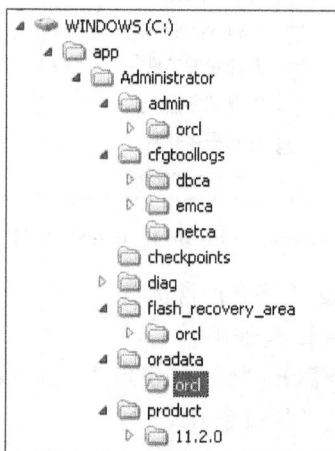

图 1 - 14　Oracle 目录结构

C：\app\Administrator\product\11. 2. 0\dbhome_1 文件夹：是 ORACLE 软件的存放目录。

Admin 文件夹：存储初始化文件和日志文件

Oradata\orcl 文件夹：存储数据库数据文件. dbf、控制文件. ctl、重做日志文件. log

（2）查看"服务"管理器中相关的 Oracle 服务：

Oracle Database 11g 安装完成后，可以执行【控制面板】→【管理工具】→【服务】菜单命令，打开"服务"窗口，在该窗口中可以查看 Oracle 服务信息。如图 1 - 15 所示。

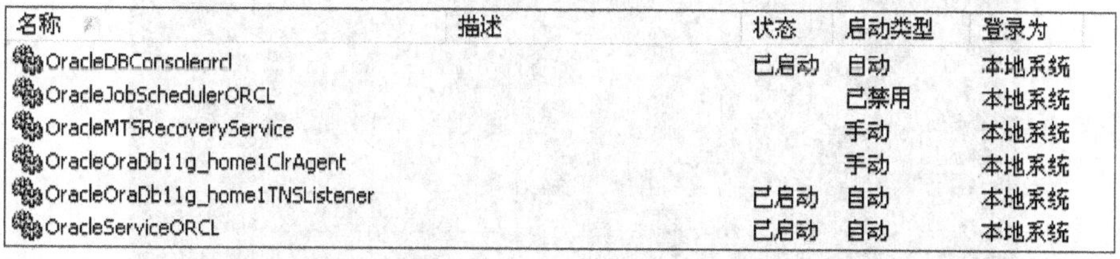

名称	描述	状态	启动类型	登录为
OracleDBConsoleorcl		已启动	自动	本地系统
OracleJobSchedulerORCL			已禁用	本地系统
OracleMTSRecoveryService			手动	本地系统
OracleOraDb11g_home1ClrAgent			手动	本地系统
OracleOraDb11g_home1TNSListener		已启动	自动	本地系统
OracleServiceORCL		已启动	自动	本地系统

图 1 - 15　Oracle 服务

在 Windows 操作系统下安装 Oracle 11g 数据库以后，计算机的运行速度明显降低，所以在不使用数据库时，可将有关 Oracle 服务的启动类型由"自动"改为"手动"。如图 1 - 16 所示。要使用 Oracle 数据库时，根据应用情况启动必要的服务。

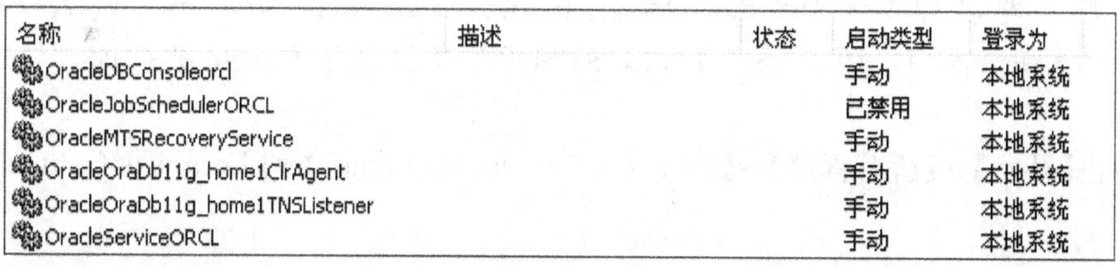

名称	描述	状态	启动类型	登录为
OracleDBConsoleorcl			手动	本地系统
OracleJobSchedulerORCL			已禁用	本地系统
OracleMTSRecoveryService			手动	本地系统
OracleOraDb11g_home1ClrAgent			手动	本地系统
OracleOraDb11g_home1TNSListener			手动	本地系统
OracleServiceORCL			手动	本地系统

图 1 - 16　停止 Oracle 服务

（3）【开始】→【所有程序】中增加【Oracle - OraDb11g_home1】文件夹。如图 1-17 所示。

图 1-17　"Oracle - OraDb11g_home1"文件夹中的内容

15. 测试安装好的 Oracle 11g 是否能正常运行：

（1）使用 SQL Plus 登录 Oracle 数据库。

单击【开始】→【所有程序】→【Oracle - OraDb11g_home1】→【应用程序开发】→【SQL Plus】，在登录窗口中输入 scott 帐号与口令 tiger。

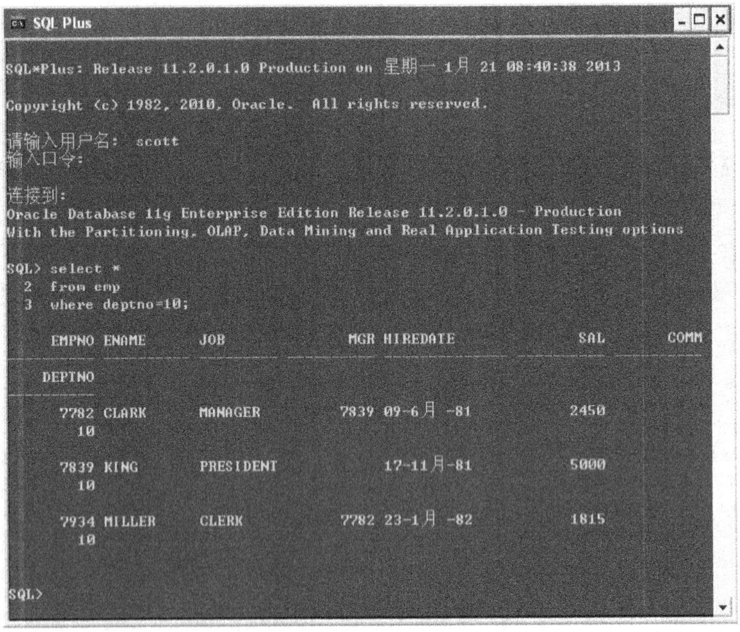

图 1-18　在 SQL Plus 中执行语句

（2）登录 Oracle Enterprise Manager 11g Database Control：

与以前的版本不同，Oracle 企业管理器只有 B/S 模式。在 Web 浏览器中输入 https://<Oracle 服务器名称>：1158/em。例如：https://localhost：1158/em。进入 Enterprise Manager 11g 登录窗口。用 SYS 帐户，以 SYSDBA 身份登录 Oracle 数据库。如图 1-19 所示。

或单击【开始】→【所有程序】→【Oracle - OraDb11g_home1】→【Database Control-orcl】。

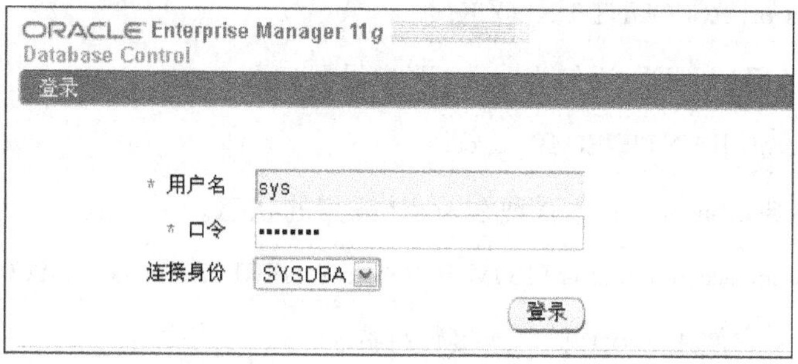

图 1-19　sys 登录 Enterprise Manager 10g database Control

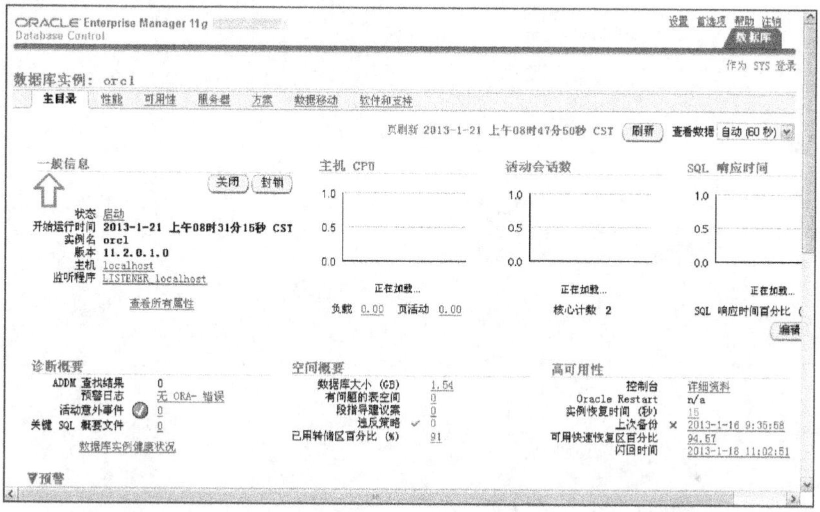

图 1-20　在 Database Control 中查看数据库配置信息

三、上机作业

如果在安装 Oracle 时，没有对 scott 账户解锁，那么 Oracle 安装完成后，可以用命令对 scott 账户解锁。

1. 使用 SYSTEM 登录 SQL Plus。

单击【开始】→【所有程序】→【Oracle － OraDb11g_home1】→【应用程序开发】→【SQL Plus】，在登录窗口中输入 system 帐号与口令 XZyn1234.

2. 通过数据字典 dba_users，查看 Oracle 账户的锁定状态。

```
select username,account_status from dba_users;
```

其中，OPEN 表示账户为解锁状态；EXPIRED 表示账户为过期状态（需要设置口令才能解除此状态）；LOCKED 表示账户为锁定状态。

3. 使用 ALTER USER 语句为 scott 账户解锁。（如果 scott 账户已解锁，则把 HR 账户解锁，并设置口令为 HR）

```
ALTER USER scott ACCOUNT UNLOCK；
```

4. 再使用 ALTER USER 语句为 scott 账户设置口令。

```
ALTER USER scott IDENTIFIED BY tiger；
```

5. 通过数据字典 dba_users 查看现在 scott 账户的状态。

```
SELECT username，account_status FROM dba_users WHERE username = 'SCOTT'；
```

6. 在 SQL Plus 中使用 scott 账户连接数据库。

```
conn scott/tiger；
```

实验二 SQL PLUS 命令的使用

一、实验目的

1. 熟悉 Oracle 的命令操作环境 SQL PLUS;
2. 熟悉并掌握 SQL PLUS 命令。

二、实验内容

SQL PLUS 是 ORACLE 的交互查询工具,它允许用户使用 SQL 命令交互式地访问数据库。

启动 SQL Plus:【开始】→【程序】→【Oracle - OraDb11g_home1】→【应用程序开发】→【SQL Plus】。如图 2-1 所示。

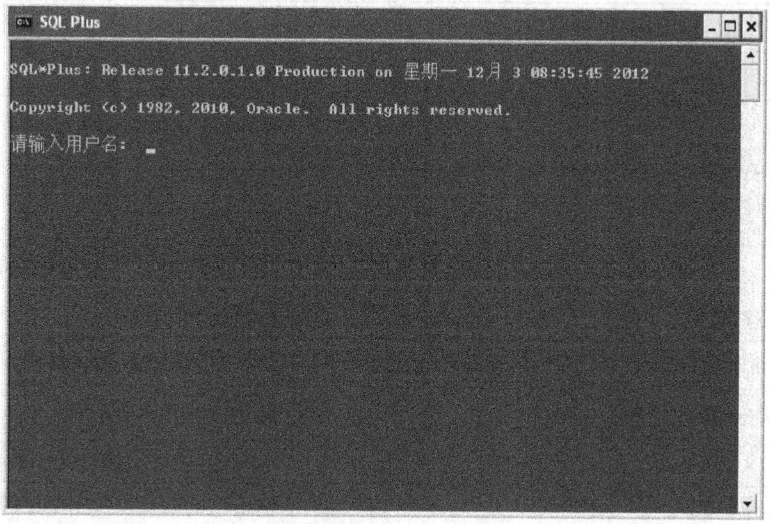

图 2-1 SQL Plus 界面

SQL Plus 有许多命令,表 2-1 只是列举了一部分常用命令。

表 2-1 常用 SQL Plus 命令

SQL Plus 命令	缩写	意义
A[PPEND] text	A text	把字符串增加到当前行的末尾
C[HANGE] /old/new/	C/old/new/	把当前行的旧字符串替换成新字符串
C[HANGE] /text/	C/text/	把当前行中字符串删除

（续　表）

SQL Plus 命令	缩写	意　义
I［NPUT］	I	插入不定数量的命令行
I［NPUT］text	I text	插入一个包含 text 字符串的行
CL［EAR］BUFF［ER］	CL BUFF	从 SQL 缓冲区中删除所有行
CL［EAR］SCR［EEN］	CL SCR	清除屏幕内容
DEL		删除当前行
L［IST］	L	显示 SQL 缓冲区的所有行
L［IST］n	L n	显示 SQL 缓冲区中的一行到 n 行
L［IST］m n	L m n	SQL 缓冲区中的从第 m 行显示到第 n 行
ED［IT］	ED	用默认的编辑器编辑保存的文件内容
SAVE filename		把 SQL 缓冲区中的内容保存到以 filename 为名字的文件中,默认路径为 C:\app\Administrator\ product \ 11. 2. 0 \ dbhome＿1 \BIN
GET filename		把以 filename 为名字的文件内容调入 SQL 缓冲区中
R［UN］或 /	R	显示并运行在缓冲区中的当前 SQL 命令
START filename	@ filename	运行脚本文件
SPO［OL］filename		把所有的后面的命令和结果输出到文件中
SPO［OL］OFF│OUT		OFF 关闭假脱机输入输出文件;OUT 改变假脱机输入输出,送文件到打印机上
CONN［ECT］userid/password	CONN userid/password	在当前的登录下,激活其他的 Oracle 用户
EXIT 或 QUIT		退出 SQL Plus
DESC［RIBE］tablename	DESC tablename	显示数据库表的数据结构
HELP［topic］		查看命令的使用方法
HOST command		在 SQL Plus 中执行操作系统命令
PROMPT text		把指定的消息发送到用户屏幕
SHOW ALL		查看 SQL Plus 的所有系统变量值信息
SHOW USER		查看当前用户
SHOW REL［EASE］		查看数据库版本信息

（一）SQL 命令

SQL 命令包括数据定义语言(如 Create、Alter 等)和数据操作语言(Select\Insert\Update Delete 等),这些都可在 SQL Plus 中使用。

如：

```
SQL>SELECT EMPNO, ENAME, JOB, SAL
FROM EMP WHERE SAL < 2500;
```

（二）SQL Plus 命令

（1）列出缓冲区的内容：

SQL>LIST

SQL Plus 显示当前缓冲区中的 SQL 命令（注意：不缓存 SQL Plus 命令）：

```
SELECT EMPNO, ENAME, JOB, SAL
FROM EMP WHERE SAL < 2500 ;
```

（2）编辑当前行

如果上面的例子错误的输入为：

```
SQL>SELECT EPNO, ENAME, JOB, SAL
FROM EMP WHERE SAL < 2500;
```

在屏幕上显示：

```
SELECT EPNO, ENAME, JOB, SAL
ERROR at line 1;
ORA - 0904;invalid column name
```

分析错误可以发现 EMPNO 错为 EPNO
则用 CHANGE 命令修改编辑当前行。
如：SQL>CHANGE /EPNO/EMPNO
修改的行在屏幕上显示：

```
SELECT EMPNO, ENAME, JOB, SAL
```

再用 RUN 命令运行当前命令。

```
SQL>RUN(或 /)
SQLPLUS列出其命令然后运行它。
SELECT EMPNO, ENAME, JOB, SAL
FROM EMP WHERE SAL < 2500;
```

（3）增加一行

在当前行之后插入一新行，使用 INPUT 命令。例如对上面例子增加第 3 行到该 SQL 命令中。形式如下：

```
SQL>INPUT
```

接着可进入新行，然后按 ENTER 键，SQL PLUS 再次提示新行：

```
ORDER BY SAL
```

按 ENTER 键，表示不进入任何行，然后用 RUN 检验和重新运行查询。

（4）在一行上添加内容

用 APPEND 命令,将内容加到缓冲区中当前行的末端:

```
SQL>LIST
ORDER BY SAL
SQL>APPEND DESC
ORDER BY SAL DESC
```

使用 RUN 检验和重新运行查询。

（5）删除一行

先用 LIST 命令列出要删除的行。再用 DEL 命令删除一行。

```
SQL>LIST
SELECT EMPNO, ENAME, JOB, SAL
FROM EMP WHERE SAL < 2500;
ORDER BY SAL DESC
SQL>DEL
```

（6）用系统编辑程序编辑命令

在 SQL PLUS 中运行操作系统缺省的文本编辑程序(EDIT),命令形式为:

```
SQL>EDIT
```

EDIT 将缓冲区中的内容装入系统缺省的文本编辑器,然后用文本编辑器的命令编辑文本。完成后保存编辑的文本,然后退出。该文本保存到当前的缓冲区。

（7）保存 SAVE 命令

SQL>SAVE 文件名

例如:SQL>LIST

```
SELECT EMPNO, ENAME, JOB, SAL
FROM EMP WHERE SAL < 2500;
```

然后用 SQVE 保存到 EMPINFO 文件中:

SQL>SAVE c:\empinfo. sql

已创建 file c:\empinfo. sql

（8）运行命令文件

可用命令 START 文件名或者@ 文件名的命令格式。

如上例:

```
SQL>START c:\EMPINFO. sql
或 SQL>@   EMPINFO. sql
```

（9）清缓冲区

```
SQL>CLEAR BUFFER
```

（10）DESCRIBE 列出表的结构

```
SQL>DESC EMP
```

三、上机作业

1. 在 SQL Plus 中用 scott 账户连接数据库。
2. 用 Show 命令显示当前用户。
3. 练习 SQL 命令：SELECT * FROM EMP。
4. 用 LIST 显示缓冲区内容。
5. 用 CHANGE 命令修改当前行。
6. 用 APPEND 增加一部分命令。
7. 用 EDIT 编辑缓冲区内容。
8. 用 SAVE 命令保存缓冲区内容到文件 1.sql 中。
9. 用 START 命令运行 1.sql 文件。
10. 清除缓冲区。

实验三　替换变量的使用和格式化查询结果

一、实验目的

1. 学会使用替换变量；
2. 掌握使用命令实现假脱机输出的方法；
3. 掌握使用格式化命令对查询结果进行格式化的方法。

二、实验内容

（一）用 SQL 命令显示员工信息表 emp 的内容

SQL＞select * from emp；

（二）将该 SQL 命令存入 emp.sql 文件

SQL＞SAVE d:\emp.sql

（三）清空缓冲区

SQL＞DEL

（四）调入 emp.sql 文件

SQL＞GET c:\emp.sql

（五）再次执行同样的 SQL 命令

SQL＞@ c:\emp.sql　或　SQL＞START c:\emp.sql

（六）利用替换变量接受雇员的姓名

SQL＞SELECT *
　　FROM emp
　　WHERE ename=&Cont_name；

（七）利用替换变量接受雇员的雇佣日期

```
SQL>SELECT *
    FROM emp
    WHERE hiredate ='&d';
```

（八）定义替换变量，在 SQL 语句里使用该替换变量。使用完后将该替换变量删除

```
SQL>DEFINE Salary=1800;
SQL>SELECT *
    FROM emp
    WHERE sal>&Salary;
SQL>UNDEFINE Salary;
```

（九）将查询结果假脱机输出到文件 d：\spool_temp. txt 中

```
SQL>spool d:\spool_ temp. txt
SQL>SELECT * FROM emp;
SQL> SELECT * FROM dept;
SQL>Spool off
```

（十）为列 deptno 设置标题为"部门代码"

```
SQL>COLUMN deptno HEADING '部门代码'
SQL> SELECT * FROM emp;
```

（十一）为 sal 列定制格式。要求在每个值前加 $ 符号作为前缀，并保留一个小数位

```
SQL>COLUMN sal FORMAT $99,999.0
SQL>SELECT * FROM emp;
```

（十二）用"/"替换所有空值

```
SQL> COLUMN comm null '/'
SQL> SELECT * FROM emp;
```

（十三）显示所有列的当前设置

```
SQL>COLUMN
```

（十四）清除所有列的设置

```
SQL> CLEAR COLUMN
```

（十五）限制重复行

```
SQL>SELECT * FROM emp；
SQL>SELECT *
    FROM emp
    ORDER BY deptno；
```

可能有许多雇员属于同一个部门，因此在 DepartmentID 列将有重复值出现。

```
SQL>BREAK ON deptno；
SQL>SELECT *
    FROM emp
    ORDER BY deptno；
```

显示 BREAK 的设置。

```
SQL> BREAK
```

清除 BREAK 的设置。

```
SQL>CLEAR BREAK
```

三、上机作业

将每题的结果中保存到 SQL 脚本文件中。

1. 利用 spool 命令，把查询和结果保存到 1. txt 中：利用替换变量查询 emp 表中收入高于 1 000 元的员工信息，显示 empno、ename、dname 和 sal。

2. 打印员工信息表。要求：

① 报表的标题居中显示"员工信息表"。

② 页的注脚居右显示"南京晓庄学院"。

③ 利用 column 命令，将 emp 表中列 ename、sex、dname 和 sal 的标题分别设置为"姓名"、"性别"、"部门名"和"收入"，收入前显示本地货币符号以及 1 位小数。

④ 最后清除报表的标题、页的注脚和所有的 column 设置。

⑤ 所有命令中保存到 SQL 脚本文件 2. sql 中。

实验四　数据的导入和导出

一、实验目的

1. 掌握 EXP 数据导出和 IMP 数据导入命令的使用；
2. 掌握 Data Pump Export 导出和 Data Pump Import 导入命令的使用。

二、实验内容

在 Oracle 11g 之前,传统的导出和导入是使用 EXP 和 IMP 工具。从 Oracle 11g 开始,不仅保留原有的 EXP 和 IMP 工具,还提供了数据泵导出导入工具 EXPDP 和 IMPDP。这些命令都是在操作系统命令行中使用。

(一) EXP 数据导出

(1) FULL 方式:导出整个数据库。

如:　EXP system/XZyn1234 file=d:/test_1. dmp full=y

(2) OWNER 方式:导出指定的用户模式。

如:　EXP scott/tiger file=d:/test_2. dmp owner=scott

(3) TABLES 方式:导出指定的表。

如:　EXP scott/tiger file=d:/test_3. dmp tables=(emp,dept)　如图 4-1 所示。

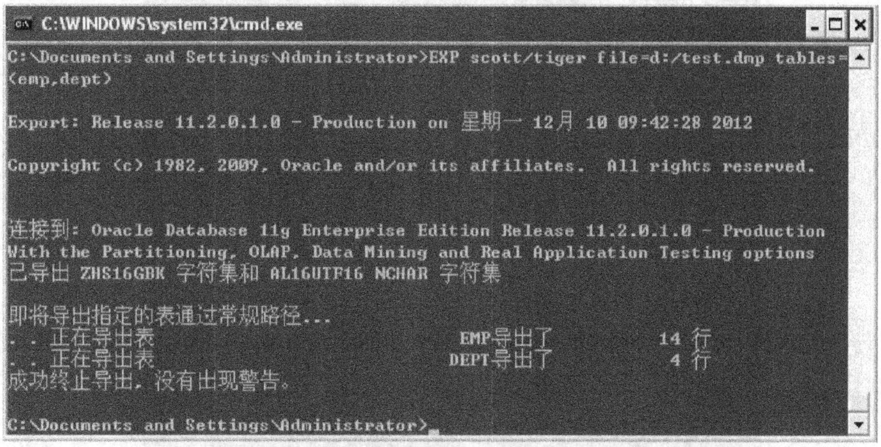

图 4-1　用 EXP 命令导出指定的表

（二）IMP 数据导入

（1）FULL 方式：导入整个数据库。

如： IMP system/XZyn1234 file＝d：/test. dmp full＝y

（2）OWNER 方式：导入指定的用户模式。

如： IMP scott/tiger file＝d：/test. dmp owner＝scott

（3）TABLES 方式：导入指定的表。

如： IMP scott/tiger file＝d：/test. dmp tables＝emp,dept

（三）EXPDP 数据泵导出

（1）数据泵工具导出的步骤：

① 启动 sql＊puls，以 system/manager 登陆：

conn system/manager as sysdba

② 创建目录对象：

create directory mypump as 'D：\temp';

③ 授权：

Grant read,write on directory mypump to scott;

④ 在操作系统命令行中，执行导出：

expdp scott/tiger schemas＝scott directory＝mypump dumpfile＝expdp_test1. dmp;

如图 4－2 所示。

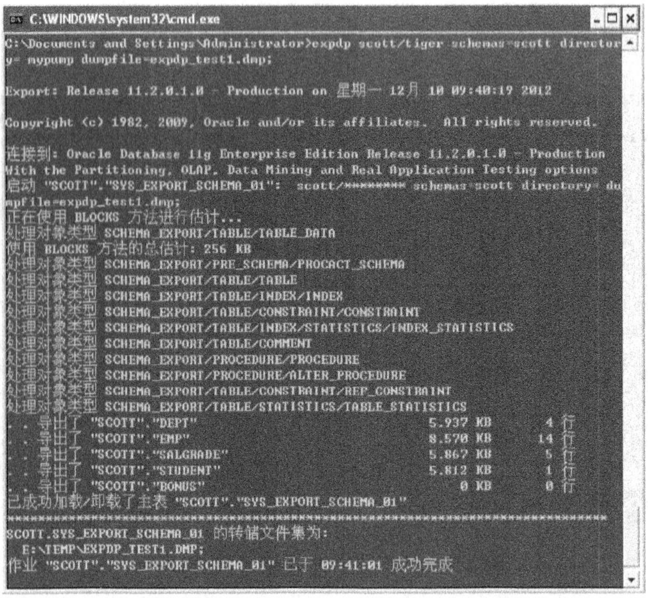

图 4－2　用 EXPDP 命令导出 scott 用户

（2）数据泵导出的各种模式：

① TABLES：指定表模式导出：

EXPDP scott/tiger tables＝emp,dept directory＝mypump dumpfile＝expdp_test2. dmp

② 按查询条件导出：

EXPDP scott/tiger tables＝emp directory＝mypump dumpfile＝expdp_test3. dmp query＝'"where sal ＜2000"'

③ TABLESPACES：指定要导出表空间列表：

EXPDP system/XZyn1234 directory＝mypump dumpfile＝expdp_tablespace. dmp tablespaces＝USERS

④ SCHEMAS：指定用户模式导出：

EXPDP scott/tiger schemas＝scott directory＝mypump dumpfile＝expdp_test1. dmp

⑤ FULL：指定整个数据库模式导出：

EXPDP system/XZyn1234 directory＝mypump dumpfile＝full. dmp full＝y

⑥ 使用 exclude,include 导出数据：

使用 Include 选项,导出用户中包括指定类型的指定对象：

导出 scott 用户下以 B 开头的所有表：

EXPDP scott/tiger directory＝mypump dumpfile＝include_1. dmp include＝TABLE:\"LIKE \'B%\'\"

导出 scott 用户下的所有存储过程：

EXPDP scott/tiger directory ＝ mypump dumpfile ＝ include _ 2. dmp schemas ＝ scott include ＝ PROCEDURE

Exclude 导出用户中排除指定类型的指定对象

——导出 scott 用户下除 view 类型以外的所有对象：

EXPDP scott/tiger directory＝mypump dumpfile＝exclude_1. dmp schemas＝scott exclude＝view

（四）IMPDP 数据泵导入

（1）TABLES：指定表模式导入：

IMPDP scott/tiger tables＝emp,dept directory＝mypump dumpfile＝expdp_test2. dmp

（2）SCHEMAS：指定用户模式导入：

IMPDP scott/tiger schemas＝scott directory＝mypump dumpfile＝expdp_test1. dmp

三、上机作业

1. 使用 EXP 命令,把 SCOTT 用户下的 emp、dept 和 salgrade 表导出到文件 exp_1. dmp 中。

2. 删除 emp 表,把上题的文件 exp_1. dmp 中的 emp 表导入到 scott 用户。

3. 先建立目录对象 dump_dir,指向 d:/dump_dir 目录,授予 scott 用户对目录对象 dump_dir的读写权限。

4. 使用 EXPDP 命令,把 scott 用户下的 emp 表中 10 号部门的员工导出,不导出视图。

实验五　SQL Developer 的使用

一、实验目的

1. 在 SQL Developer 中新建数据库连接；
2. 在 SQL Developer 中创建表、输入数据和查询数据。

二、实验内容

（一）新建数据库连接

使用 Oracle SQL Developer 管理数据库对象首先要创建数据库连接。执行以下步骤：

（1）启动 SQL Developer：【开始】→【程序】→【Oracle - OraDb11g_home1】→【应用程序开发】→【SQL Developer】

如果第一次使用需要输入完整的 java. exe 的路径：C:\app\product\11. 2. 0\dbhome_1 \jdk \bin\java. exe。或单击"Browse"去找。如图 5 - 1 所示。

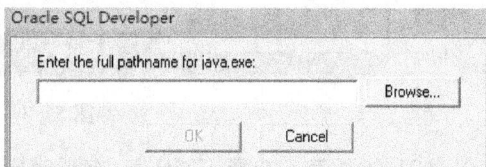

图 5 - 1　输入完整的 **java. exe** 的路径界面

（2）在"连接"选项卡中，右键单击选择"新建连接"。

（3）在"连接名"中输入一个连接名称，在"用户名"和"口令"中输入用户名和口令，在 SID 域中把"xe"改为"orcl"。然后单击"测试"。如图 5 - 2 所示。

图 5 - 2　新建数据库连接界面

（4）连接状态已成功测试。但没有保存该连接。要保存该连接，请单击"连接"。如图 5-3 所示。

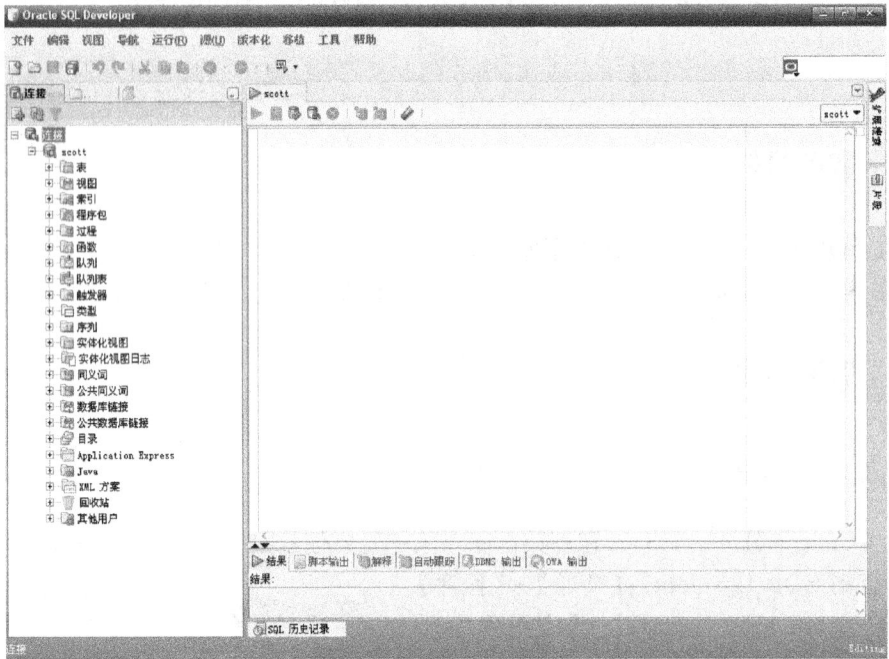

图 5-3　展开 scott 连接界面

（5）展开表。选择 EMP 表，查看表定义。如图 5-4 所示。

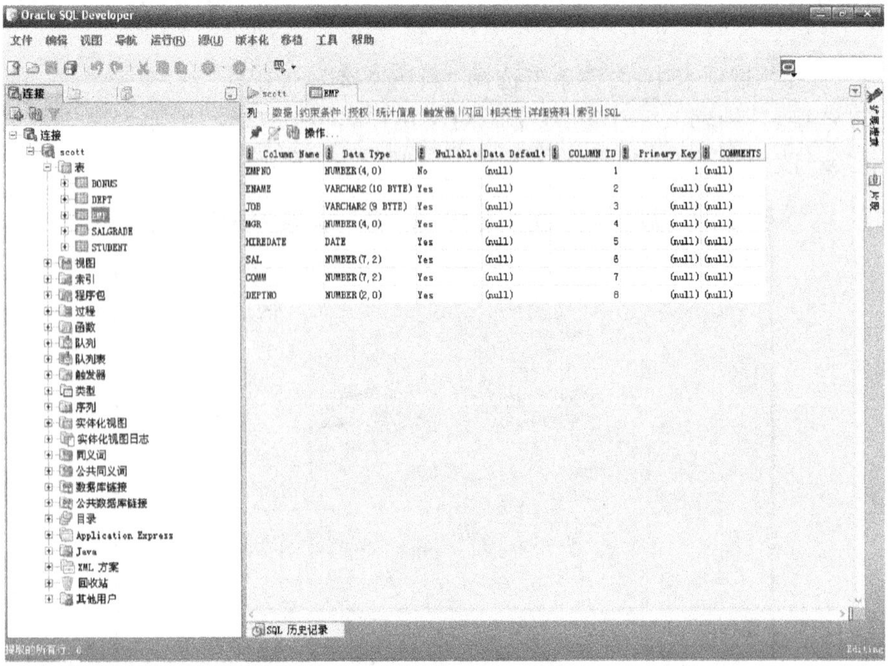

图 5-4　展开 EMP 表界面

（二）创建表

右键单击"表"并选择"新建表"。如图 5-5 所示。

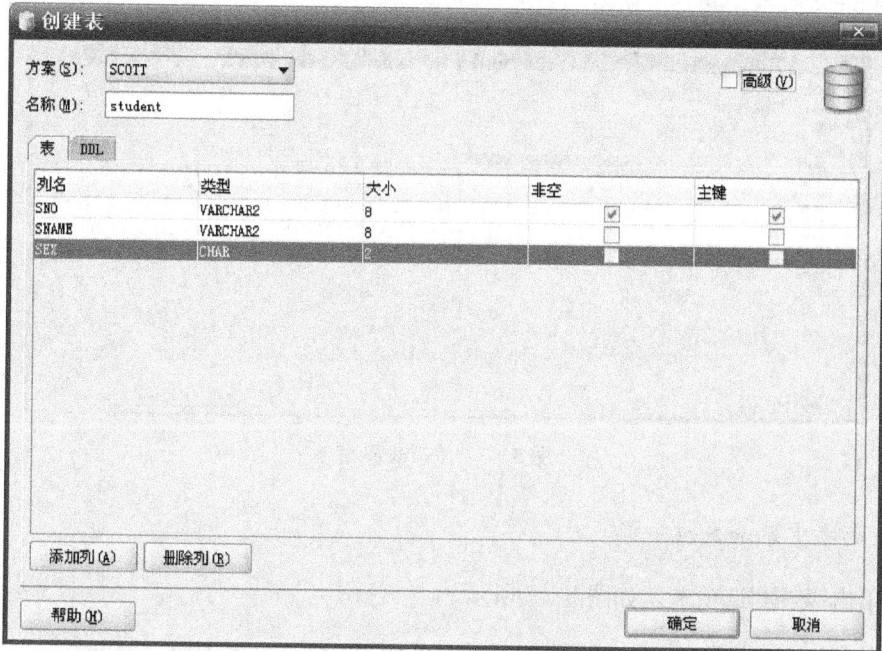

图 5-5 新建表界面

如果选择"高级"，则显示如图 5-6 的界面：

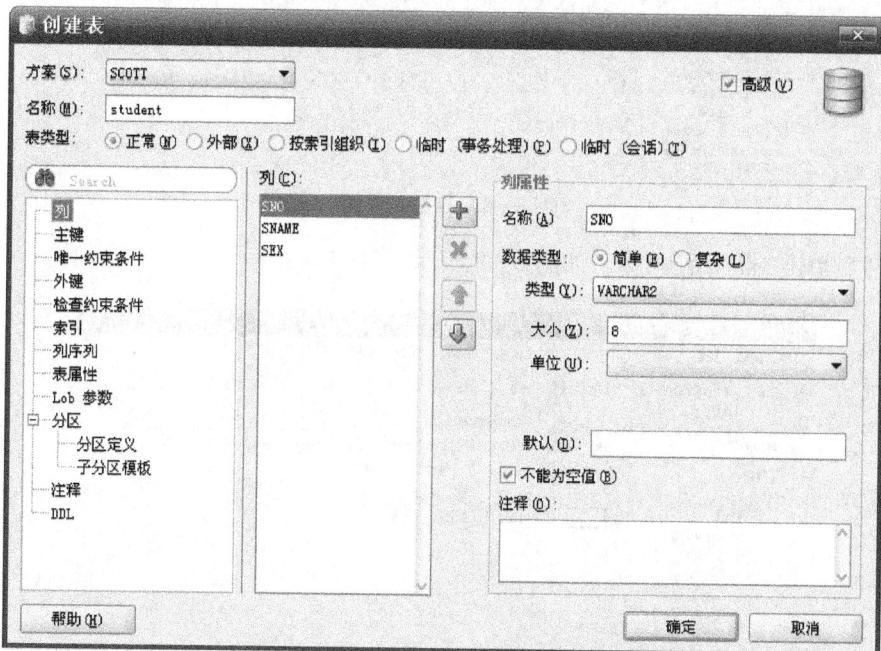

图 5-6 新建表的高级界面

(三) 更改表定义

Oracle SQL Developer 使得更改数据库对象变得非常简单。在表上右键单击,选择"编辑"。如图 5-7 所示。

图 5-7　编辑表界面

(四) 向表中添加数据

(1) 单击"数据"选项卡。如图 5-8 所示。

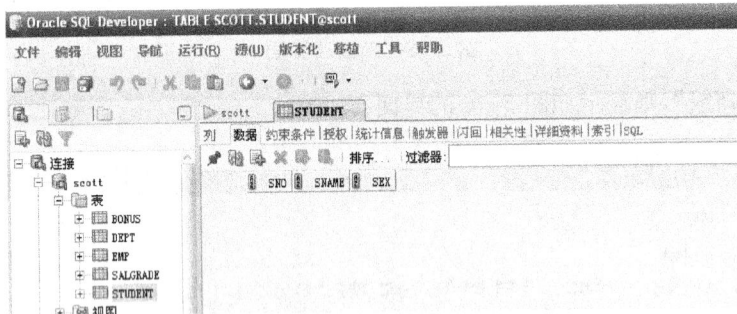

图 5-8　表数据界面

(2) 然后单击"插入行"图标。如图 5-9 所示。

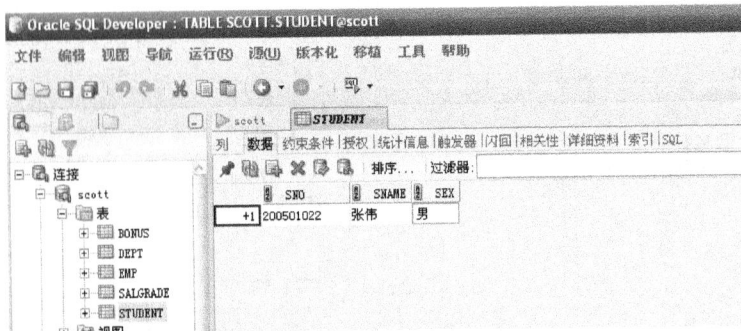

图 5-9　输入数据界面

（3）输入数据并单击"提交"图标。如图 5-10 所示。

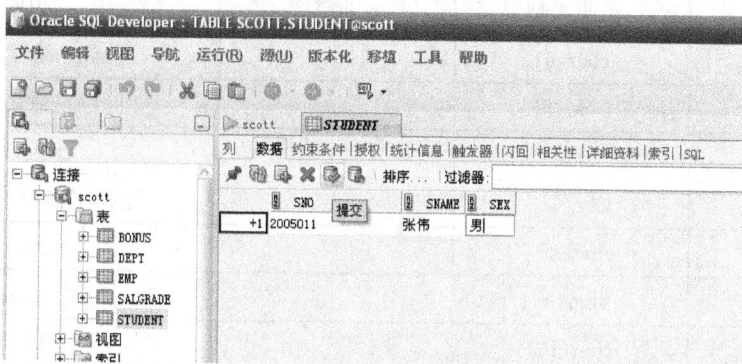

图 5-10　提交数据界面

（五）查询数据

打开"SQL 工作表"选项卡。输入"Select ＊ from emp;"单击"执行语句(F9)"图标。随即显示结果,如图 5-11 所示。

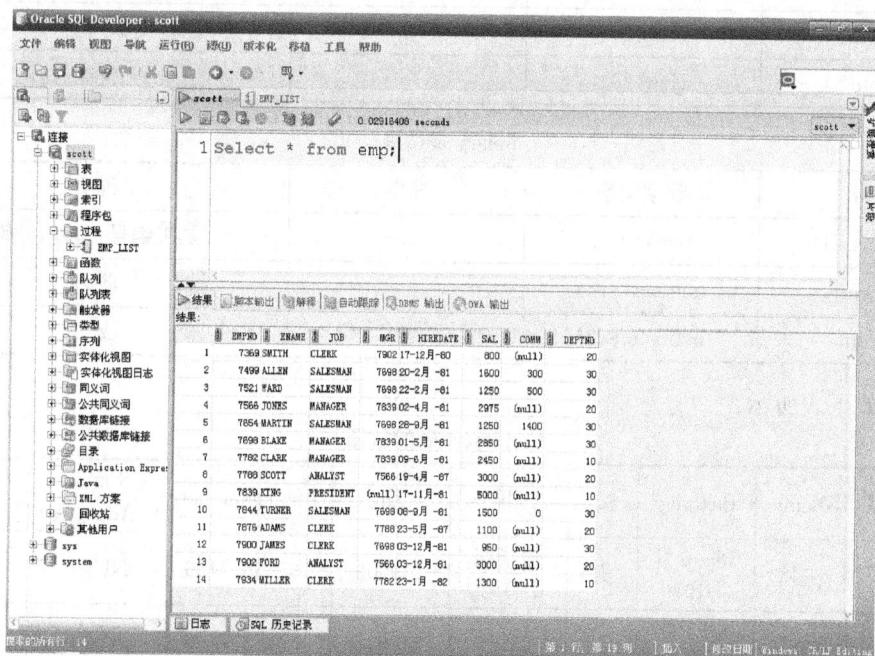

图 5-11　查询数据界面

三、上机作业

利用 SQL Developer,在 SCOTT 用户下,创建三个表:Employees(雇员自然信息)表、Departments(部门信息)表和 Salary(员工薪水情况)表。各表的结构如表所示:

Employees 表结构

列名	数据类型	非空	说明
EmployeeID	char(6)	√	员工编号,主键
Name	Char(8)	√	姓名
Birthday	date		出生日期
Sex	Char(2)		性别,只能取"男"或"女"
Address	char(20)		地址
Zip	char(6)		邮编
PhoneNumber	char(12)		电话号码
EmailAddress	char(30)		电子邮件地址
DepartmentID	char(3)		员工部门号,外键

Departments 表结构

列名	数据类型	非空	说明
DepartmentID	char(3)	√	部门编号,主键
DepartmentName	char(20)	√	部门名
Note	char(20)		备注

Salary 表结构

列名	数据类型	非空	说明
EmployeeID	char(6)	√	员工编号,主键,外键
Income	number(8,2)		收入
Outcome	number(8,2)		支出

数据如下表所示:

Employees 表的数据

EmployeeID	Name	Birthday	Sex	Address	Zip	PhoneNumber	Email Address	Depart mentID
001101	王林	18—6 月 —1988	男	梅华路 200 号	210002	13546897456	NULL	001
001102	陈晓凤	4—5 月 —1987	女	玄武路 26 号	210048	13546897456	NULL	002
001103	张军	12—4 月 —1983	男	中央路 69 号	210009	13546897456	NULL	003
001105	赵霞	28—9 月 —1985	女	山西路 105 号	210037	13546897456	NULL	001
001106	黄力	20—7 月 —1985	男	长江路 85 号	210026	13546897456	NULL	002

Departments 表的数据

DepartmentID	DepartmentName	Note
001	销售部	NULL
002	生产部	NULL
003	维修部	NULL

Salary 表的数据

EmployeeID	Income	Outcome
001101	3500	809
001102	7400.3	1800
001103	5800.56	1200
001105	1200.72	500
001106	900.84	300

利用 DOS 命令 exp,将以上三张表备份到 d:\Employees_bak.dmp 中。

实验六　利用 SQL 命令创建表

一、实验目的

1. 了解基本的数据类型；
2. 掌握表的创建和设置表的完整性约束；
3. 掌握修改表的定义；
4. 掌握删除、重命名和清空表的命令。

二、实验内容

数据库中的数据是以表的形式存储。数据库中的每一个表都被为一个模式（或用户）所拥有，因此表是一种典型的模式对象。在创建表时，Oracle 将在一个指定的表空间中为其分配存储空间。

表是常见的一种组织数据的方式，一张表一般都具有多个列，或者称为字段。每个字段都具有特定的属性，包括字段名、字段数据类型、字段长度、约束、默认值等，这些属性在创建表时被确定。从用户角度来看，数据库中数据的逻辑结构是一张二维表，在表中通过行和列来组织数据。在表中的每一行存放一条信息，通常称表中的一行为一条记录。

（一）创建表

创建表时需要使用 CREATE TABLE 语句，为了在用户自己的模式中创建一个新表，则用户必须具有 CREATE TABLE 系统权限。如果要在其他用户模式中创建表，则必须具有 CREATE ANY TABLE 的系统权限。此外，用户还必须在指定的表空间中具有一定的配额存储空间。

表 6 - 1　Oracle 中常用的数据类型

数据类型	描述
CHAR(size)	定长字符数据
VARCHAR2(size)	可变长字符数据
NUMBER(p,s)	可变长数值数据
Int、INTEGER、SAMLLINT	整型数据
DATE	日期型数据
LONG	可变长字符数据，最大可达到 2 G
CLOB	字符数据，最大可达到 4 G

续　表

数据类型	描述
BLOB	二进制数据，最大可达到 4 G
BFILE	存储外部文件的二进制数据，最大可达到 4 G

在创建表时可以为表指定存储空间，如果不指定，Oracle 会将该表存储到默认表空间中。

使用子查询创建表：为了保存原始数据以便于恢复或是得到一个与源表一样结构的表，可通过子查询创建表，创建表时用 AS subquery 选项，将创建表和插入数据结合起来。

例：CREATE TABLE table[(column, column...)]AS subquery;

（二）修改表

使用 ALTER TABLE 语句修改表结构。

（1）追加新的列：

```
ALTER TABLE table
ADD (column datatype [DEFAULT expr] [, column datatype]...);
```

（2）修改现有的列、为新追加的列定义默认值：

```
ALTER TABLE table
MODIFY (column datatype [DEFAULT expr] , column datatype...);
```

（3）删除一个列：

```
ALTER TABLE table DROP (column);
```

（4）禁用列：

```
ALTER TABLE table SET UNUSED (column , ... ) ;
ALTER TABLE table SET UNUSED COLUMN column ;
```

（5）重命名列：

```
ALTER TABLE table RENAME COLUMN old_name TO new_name;
```

（三）重命名表

有两种语法形式，一种是使用 ALTER TABLE 语句，语法如下：

```
ALTER TABLE table_name RENAME TO new_table_name;
```

另一种是直接使用 RENAME 语句，语法如下：

```
RENAME table_name TO new_table_name;
```

（四）删除表

删除表使用 DROP TABLE 语句，表的数据和结构都被删除，所有正在运行的相关事务被提交，所有相关索引被删除，DROP TABLE 语句不能回滚。

清空表使用 TRUNCATE TABLE 语句,删除表中所有的数据,释放表的存储空间,TRUNCATE 语句不能回滚。

也可以使用 DELETE 语句删除数据,DELETE 语句可以回滚。

(五)添加注释

使用 COMMENT 语句给表或列添加注释。如:COMMENT ON TABLE *table* IS *comment*;

(六)定义和管理数据完整性约束

数据库不仅仅是存储数据,它也必须保证所存储数据的正确性。如果数据不准确或不一致,那么该数据的完整性可能就受到了破坏,从而给数据库本身的可靠性带来问题。为了维护数据库中数据的完整性,在创建表时常常需要定义一些约束。约束可以限制列的取值范围,强制列的取值来自合理的范围。

按照约束的用途可以将表的完整性约束分为 5 类,如表 6-2 所示。

表 6-2　完整性约束的类型

约　　束	说　　明
NOT NULL	非空约束。指定一列不允许存储空值。这实际就是一种强制的 CHECK 约束
PRIMARY KEY	主键约束。指定表的主键,主键由一列或多列组成,唯一标识表中的一行
UNIQUE	唯一约束。指定一列或一组列只能存储唯一的值
FOREIGN KEY	外键约束。指定表的外键。外键引用另外一个表中的一列,在自引用的情况中,则引用本表中的一列
CHECK	检查约束。指定一列或一组列的值必须满足某种条件

(1)非空约束

非空约束就是限制必须为某个列提供值。在表中,当某些字段的值是不缺少的,那么就可以为该列定义为非空约束。这样当插入数据时,如果没有为该列提供数据,那么系统就会出现一个错误消息。

(2)主键约束

主键约束用于唯一地确定表中的每一行数据。在一个表中,最多只能有一个主键约束,主键约束既可以是一个列组成的,也可以是由两个或两个以上列组成的。对于表中的每一行数据,主键约束列都是不同的,主键约束同时也具有非空约束。

(3)唯一性约束

唯一性约束强调所在的列不允许有相同的值。但是,它的定义比主键约束弱,即它所在的列允许空值。UNIQUE 约束的主要作用是在保证除主键列外、其他列值的唯一性。

(4)外键约束

外键约束是几种约束中最复杂的,外键约束可以使两个表进行关联。外键是指引用另一个表中的某个列或某几个列,或者本表中另一个列或另几个列的列。被引用的列应该具有主键约束,或者唯一性约束。

（5）检查约束

语法格式为：

```
CREATE TABLE table_name (column_name datatype
[NOT NULL | NULL]
[DEFAULT constraint_expression]
[CONSTRAINT check_name　CHECK(check_expression)]
[PRIMARY KEY | UNIQUE]
[[FOREIGN KEY] REFERENCES ref_table(ref_column)]
[,...n])
```

（6）禁用和激活约束

为什么要禁用约束呢？这是因为约束的存在会降低插入和更改数据的效率，系统必须确认这些数据是否满足定义的约束条件。当执行一些特殊操作时，如使用 SQL * Loader 从外部数据源向表中导入大量数据，并且事先知道操作的数据满足了定义的约束，为提高运行效率，就可以禁用这些约束。

在定义约束时，可以将约束设置为禁用状态，默认为激活状态。也可以在约束创建后，修改约束状态为禁用。创建表时禁用约束。

如：`CREATE TABLE table_name (column_name datatype constraint_type DISALBE,…);`

或利用 ALTER TABLE…DISABLE…[CASCADE]禁用约束。

利用 ALTER TABLE…ENABLE…语句激活约束。

（7）删除约束：

如果不再需要某个约束时，则可以删除该约束。可以使用带 DROP CONSTRAINT 子句的 ALTER TABLE 语句删除约束。删除约束与禁用约束不相同，禁用约束是可以激活的，但是删除的约束在表中就完全消失了。

如：`ALTER TABLE table_name DROP CONSTRAINT check_name`

（七）在 OEM 中创建表

（1）登录 OEM，在"方案"类别中选择"表"，鼠标左键单击进入"表搜索"界面。如图 6-1 所示。

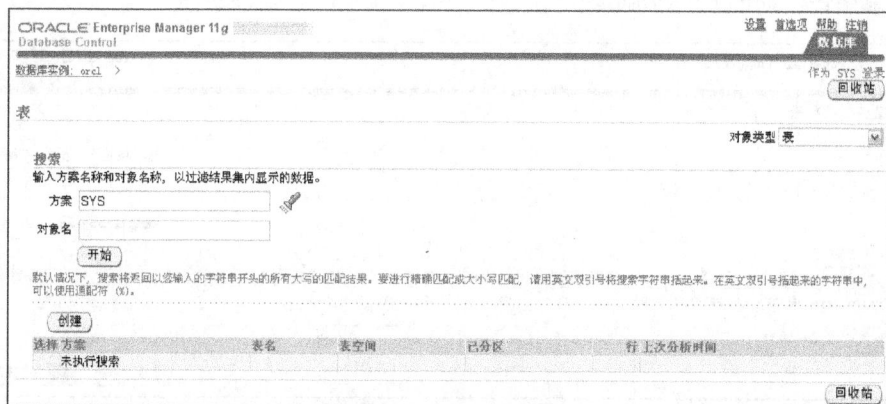

图 6-1　表搜索界面

　　(2) 单击"创建"按钮,进入"创建表:表的组织形式"界面,指定表的存储类型及是否为临时表。如图 6-2 所示。

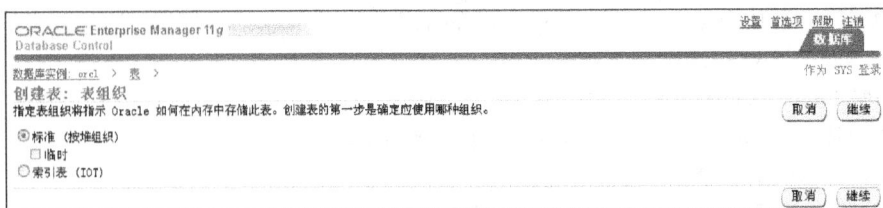

图 6-2　表的组织形式界面

　　(3) 单击"继续"按钮,进入"创建表"界面。该界面有 5 个选项页面,可以完成对表的定义。如图 6-3 所示。

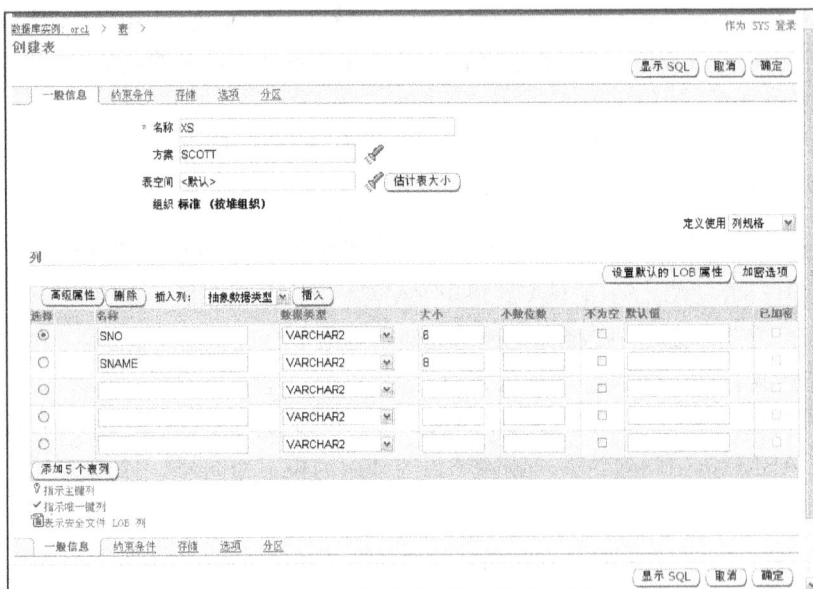

图 6-3　一般信息界面

　　(4) 单击"约束条件"选项页面,进入"约束条件"选项界面。在该选项页面可以定义表的完整性约束条件。如图 6-4 所示。

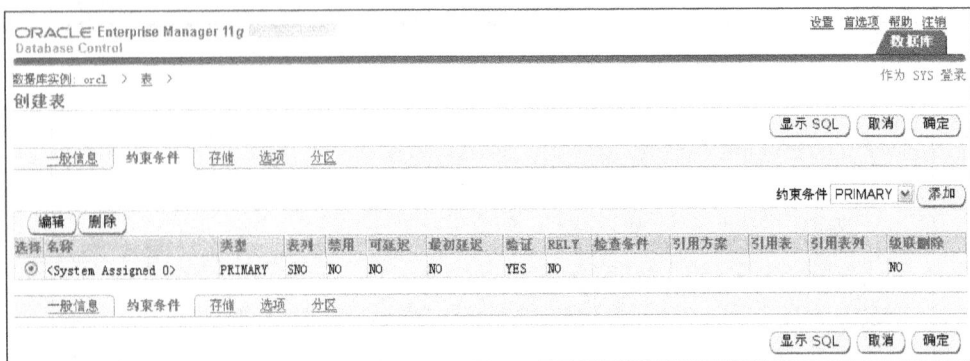

图 6-4　约束条件界面

（5）单击"存储"选项页面，进入"存储"选项界面。如图 6-5 所示。

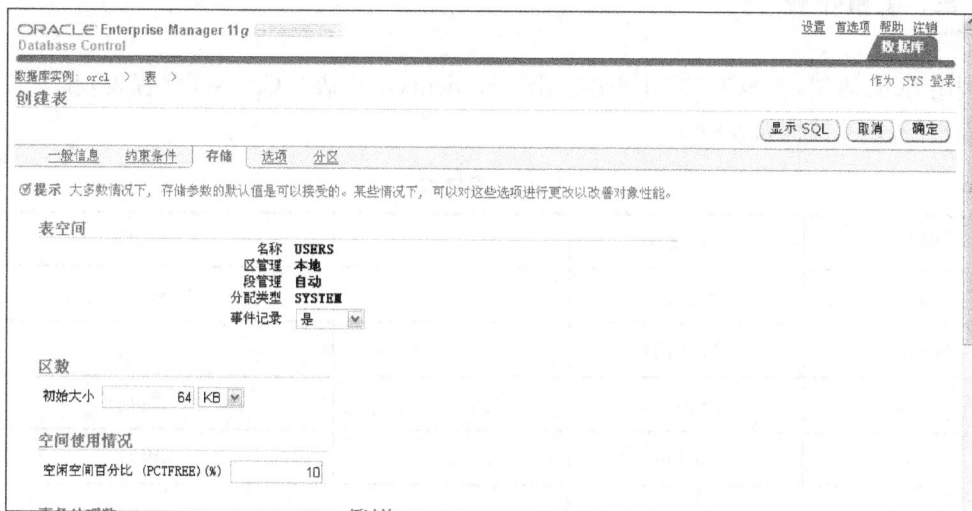

图 6-5 存储选项界面

（6）单击"选项"选项页面，进入"选项"选项界面。如图 6-6 所示。

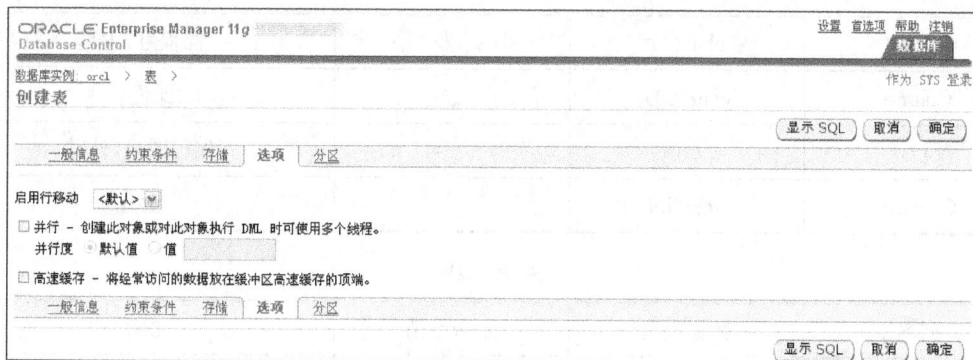

图 6-6 选项界面

（7）单击"分区"选项页面，进入"分区"选项界面。

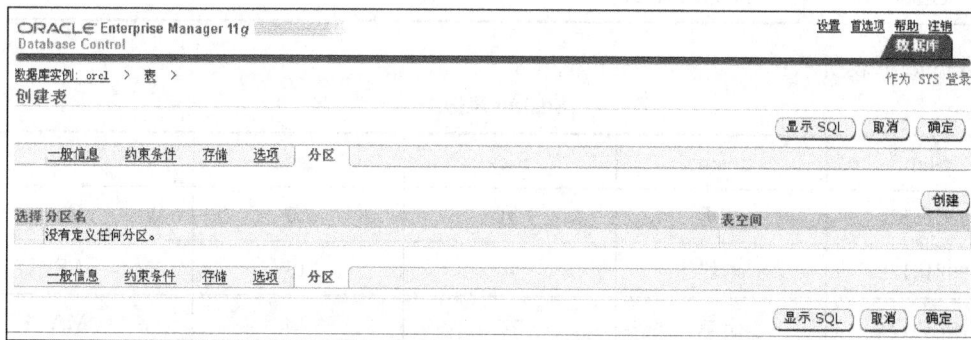

图 6-7 分区选项界面

三、上机作业

利用 SQL 语句,在 SCOTT 用户中,创建 Student(学生表)、Course(课程表)和 SC(学生选课表)。各表的结构如表所示:

Student 表结构

列名	数据类型	非空	说明
Sno	char(10)	√	学号,主键
Sname	char(10)	√	姓名
Ssex	char(2)		性别
Sage	smallint		年龄
Sdept	char(20)		所在系

Course 表结构

列名	数据类型	是否空值	说明
Cno	char(4)	√	课程号,主键
Cname	char(20)	√	课程名
Cpno	char(4)		先行课号,外键
CCredit	smallint		学分

SC 表结构

列名	数据类型	是否空值	说明
Sno	char(10)	√	学号,外键,(sno,cno)为主键
Cno	char(4)	√	课程号,外键
Grade	number(4,1)		

数据如下表所示:

Student 表数据

Sno	Sname	Ssex	Sage	Sdept
200215121	李勇	男	20	CS
200215122	刘晨	女	19	CS
200215123	王敏	女	18	MA
200515125	张立	男	19	IS

Course 表数据

Cno	Cname	Cpno	Ccredit
1	数据库	5	4
2	数学		2
3	信息系统	1	4
4	操作系统	6	3
5	数据结构	7	4
6	数据处理		2
7	PASCAL 语言	6	4

SC 表数据

学号 Sno	课程号 Cno	成绩 Grade
200215121	1	92
200215121	2	85
200215121	3	88
200215122	2	90
200215122	3	80

实验七　数据查询和函数的使用

一、实验目的

1. 熟练掌握 SELECT 语句中的各种子句；
2. 熟练掌握组合使用 WHERE、GROUP BY、HAVING 和 ORDER BY 子句；
3. 掌握子查询、分组统计和连接操作；
4. 掌握字符串函数、数值函数、日期时间函数的使用。

二、实验内容

(一) SQL 语句

SQL 的主要功能之一是实现数据库查询，查询就是用来取得满足特定条件的信息。查询语句可以从一个或多个表中，根据指定的条件选取特定的行和列。

查询是 SQL 语言的核心，用于表达 SQL 查询的 SELECT 语句则是功能最强，也是最为复杂的 SQL 语句。SELECT 语句的完整语法如下所示：

```
SELECT [ ALL | DISTINCT ]
{ * | expression | column1_name [ , column2_name ] [ , ... ] }
FROM { table1_name | ( subquery ) } [ alias ]
[ , { table2_name | ( subquery ) } [ alias ] , ... ]
[ WHERE condition ]
[ CONNECT BY condition [ START WITH condition ] ]
[ GROUP BY expression [ , ... ] ]
[ HAVING condition [ , ... ] ]
[ { UNION | INTERSECT | MINUS } ]
[ ORDER BY expression [ ASC | DESC ] [ , ... ] ]
[ FOR UPDATE [ OF [ schema. ] table_name | view ] column ] [ NOWAIT ] ;
```

(二) 函数

Oracle 常用函数如表 7-1 所示。

表 7-1　Oracle 常用函数

数值函数	
函数	说明
ABS(n)	返回 n 的绝对值

数值函数	
ACOS(n) ASIN(A) ATAN(n)	返回 n 的反余弦值 反正弦值 反正切值
COS(n) SIN(n) TAN(n)	返回 n 的余弦值 正弦值 正切值
FLOOR(n)	返回小于或等于 n 的最大整数
MOD(m,n)	返回 m 除以 n 之后的余数,若 n 为 0,则返回 m
CEIL(n)	返回大于等于 n 的最小整数
ROUND(n,m)	执行四舍五入运算(若省略 m,则四舍五入到整数位;若 m 是负数,则到小数点前 m 位;若 m 为正数,则到小数点后 m 位)
EXP(n) LN(n)　LOG(n)	返回 e 的 n 次幂　以 E 为底的对数
SQRT(n)	返回 n 的平方根,n 必须大于 0
SIGN(n)	检测 n 的正负.(若 n 小于 0,则返回 −1;若 n 等于 0,则返回 0.若 n 大于 0,则返回 1)
聚集函数	
COUNT(n)	返回某字段的记录总数
AVG(col_name)	返回某一列的平均值
MAX(exp) MIN(exp)	返回 exp 参数的最大值 最小值
MEDIAN(exp)	返回 exp 参数的中间数
SUM(exp)	返回 exp 参数的总和
Rank(value)	计算在一组值中某值的排列
Greatest(c1,c2)	返回参数列表中的最大值
Least(c1,c2)	返回参数列表中的最小值
COALESCE(c1,c2)	返回该表达式列表中的第一个非空值
VAR−POP(value)	总体方差
字符函数	
ASCII(n)	返回 n 的首字符在 ASCII 码中对应的十进制数
CHR(n)	返回十进制 ASCII 码 n 对应的字符
CONCAT(C1,C2)	将 C1 连接在 C2 的后面
LENGTH(C1)	返回字符串 C1 的长度
LOWER(C1),UPPER(C1)	返回 C1 的小写、大写
LTRIM(C1),RTRIM(C1)	去掉 C1 左边的空格,去掉 C1 右边的空格
INITCAP(c1)	将 C1 的首字符大写,其他小写
REPLACE(C1,C2,C3)	将 C1 中出现的 C2 替换成 C3 若 C3 为空,则将 C2 删除
SUBSTR(c,m,n)	返回 c 中以第 m 位开始算起长度为 n 的字符串.若 m 为负数,则从尾数开数
TRANSLATE(C1,C2,C3)	将 C1 中出现的 C2 替换成 C3 然后返回修改后的 C1

数值函数	
RPAD(C1,LENGTH,C2) LPAD(C1,LENGTH,C2)	RPAD 允许在列的右边填充一组字符,LPAD 允许在列的左边填充一组字符
‖	连接符,用于将两个字符串结合在一起
日期及时间函数	
sysdate	返回当前数据库的日期时间
current_date	返回现在的最新日期
DBtimezone	返回数据库所在的时区
Add_months(d,n)	返回时间 d 加了 n 月后的新时间
Next_day(d,c)	返回日期 d 后的下一个 c
Last_day(d)	返回该日期 d 所在月份的最后一天
MONTHS_Between(d1,d2)	返回日期 d1 与 d2 的相差月数
Extract(c,from d)	返回日期时间 d 中指定的 C 部分(C 的取值为 year,month,day,min,second,timezone 等)
localtimestamp(d)	返回一个时间戳
Round(d,format)	将 d 转换成以 format 字符串格式指定的格式
转换函数	
ASCIISTR(string)	接受一个字符串参数,返回 ASCII 码
BIN_TO_NUM(n1,n2,n3)	将每位由 n1,n2,n3 等组成的二进制转变成十进制
Cast(c as t)	将表大字式以转换成数据类型 t,t 为数据类型
TO_CHAR(X,format)	返回 x 按 format 格式转换后的字符串
TO_DATE(X,format)	返回 x 按 format 格式转换后的时间类型的数据
Translate(strng,if,then)	在字符串中进行逐字符的替换
DeCODE(value,if,then)	在字符串中进行逐值的替换
其他函数	
NVL(exp1,exp2)	如果 exp1 的值为 null,返回 exp2;否则返回 exp1
NVL2(exp1,exp2,exp3)	同 NVL 一样运用

三、上机作业

1. 计算每个雇员的结余(即:收入－支出),显示姓名和结余。
2. 查询姓陈的雇员的信息。
3. 查询收入在 6 000~8 000 元之间的雇员姓名和收入。
4. 查询各部门的雇员人数,显示部门名和部门人数。
5. 查询与陈晓凤在同一个部门的雇员的姓名。

6. 查询所有雇员的雇员号、姓名和收入类型,其中如果收入大于 5 000 元,收入类型为"高收入",如果收入 2 000～5 000,为"中等收入",小于 2 000 元,为"低收入"。

7. 查询平均收入高于 4 000 元的部门名和该部门的所有雇员的平均收入。

8. 查询收入最高雇员的姓名、性别和所在的部门名。

9. 查询收入大于生产部门的平均收入的其他部门的雇员的姓名和部门名。

10. 查询工资高于 20 号部门某个员工工资的员工信息。

11. 查询各个工种的员工人数与平均工资,显示工种、人数和平均工资。

12. 查询每个部门中各个工种的员工人数与平均工资,显示部门名、工种、人数和平均工资。

13. 查询部门人数大于 5 的部门的部门名和部门人数。

14. 查询工资高于本部门平均工资的员工信息。

15. 查询所有员工工资都大于 1 000 元的部门号和部门名。

16. 查询员工号、员工名和所在的部门名,包括没有员工的部门。

17. 利用子查询创建一个表 E 为表 emp 的备份。

18. 将表 E 的各部门的工资修改为该员工所在部门的平均工资加 500。

实验八　模式对象

一、实验目的

1. 掌握表的创建和表的完整性约束；
2. 掌握索引的创建；
3. 掌握视图的创建和使用；
4. 掌握序列的创建和使用；
5. 掌握同义词的创建和使用。

二、实验内容

(一) 表

表是数据库中最常用的模式对象,用户的数据在数据库中是以表的形式存储的。表通常由一个或多个列组成,每个列表示一个属性,而表中的一行则表示一条记录。

创建表需要使用 CREATE TABLE 语句。在创建表时可以为表指定存储空间,如果不指定,Oracle 会将该表存储到默认表空间中。根据需要可以将表从一个表空间中移动到另一个表空间中。语法如下:

```
ALTER TABLE table_name MOVE TABLESPACE tablespace_name;
```

重命名表有两种语法形式,一种是使用 ALTER TABLE 语句,语法如下:

```
ALTER TABLE table_name RENAME TO new_table_name;
```

另一种是直接使用 RENAME 语句,语法如下:

```
RENAME table_name TO new_table_name;
```

(二) 索引

索引是数据库中用于存放表中每一条记录的位置的一种对象,其主要目的是为了加快数据的读取速度和完整性检查。不过,创建索引需要占用许多存储空间,而且在向表中添加和删除记录时,数据库需要花费额外的开销来更新索引。

创建索引需要使用 CREATE INDEX 语句,其语法如下:

```
CREATE [ UNIQUE ] INDEX index_name
ON table_name ( column_name [ , ... ] )
[ INITRANS n ]
```

```
[ MAXTRANS n ]
[ PCTFREE n ]
[ STORAGE storage ]
[ TABLESPACE tablespace_name ];
```

（三）视图

视图是一个虚拟表，它并不存储真实的数据，它的行和列的数据来自于定义视图的子查询语句中所引用的表，这些表通常也称为视图的基表。

视图可以建立在一个或多个表（或其他视图）上，它不占用实际的存储空间，只是在数据字典中保存它的定义信息。

创建视图需要使用 CREATE VIEW 语句，其语法如下：

```
CREATE [ OR REPLACE ] [ FORCE | NOFORCE ] VIEW view_name
[ ( alias_name [ , ... ] ) ]
AS subquery
[ WITH { CHECK OPTION | READ ONLY } CONSTRAINT constraint_name ];
```

（四）序列

在 Oracle 中，可以使用序列自动生成一个整数序列，主要用来自动为表中的数据类型的主键列提供有序的唯一值，这样就可以避免在向表中添加数据时，手工指定主键值。

而且使用手工指定主键值这种方式时，由于主键值不允许重复，因此它要求操作人员在指定主键值时自己判断新添加的值是否已经存在，这显然是不可取的。

创建序列需要使用 CREATE SEQUENCE 语句，其语法如下：

```
CREATE SEQUENCE sequence_name
[ START WITH start_number ]
[ INCREMENT BY increment_number ]
[ MINVALUE minvalue | NOMINVALUE ]
[ MAXVALUE maxvalue | NOMAXVALUE ]
[ CACHE cache_number | NOCACHE ]
[ CYCLE | NOCYCLE ]
[ ORDER | NOORDER ];
```

（五）同义词

Oracle 支持为表、索引或视图等模式对象定义别名，也就是为这些对象创建同义词。Oracle 中的同义词主要分为如下两类。

公有同义词：在数据库中的所有用户都可以使用。

私有同义词：由创建它的用户私人拥有。不过，用户可以控制其他用户是否有权使用自己的同义词。

创建同义词的语法如下：

> CREATE［PUBLIC］SYNONYM synonym_name FOR schema_object；

三、上机作业

（一）上机作业一

利用 SQL developer,创建 student(学生表)和 class(班级表)两个表。表的结构如下所示:

student 表结构

列名	数据类型	是否空值	约束	说明
SNO	Number(4)	否	主键	学号
SNAME	Varchar2(10)	否	唯一	姓名
SAGE	Number(2)	是	大于 0,小于 100	年龄
SEX	Char(2)	是	'男'或'女'　默认值为'男'	性别
CNO	Number(2)	是	外键	班级号

class 表结构

列名	数据类型	是否空值	约束	说明
CNO	Number(2)	否	主键	班级号
CNAME	Varchar2(20)	否		班级名
NUM	Number(3)	是		人数

（1）在 class 表的 CNAME 列上创建一个唯一性索引。

（2）为 class 表创建一个公有同义词为 myclass。

（3）创建一个序列 no_seq,初始值为 1,步长为 1,最大值为 10 000,不可循环。

（4）为 student 表插入如下表数据,SNO 列的数据利用序列 no_seq 自动产生:

student

SNO	SNAME	SAGE	SEX	CNO
1	王林	23	男	1
2	陈晓凤	19	女	2
3	张军	27	男	2
4	赵霞	31	女	1
5	黄力	22	男	3

（5）为 class 表插入如下表数据：

class

CNO	CNAME	NUM
1	06 数据库	31
2	06 网络	26
3	06 软件	35

（6）利用 student 表和 class 表，创建一个只读视图 stud_view，包含学号、姓名和所在的班级名。

（二）上机作业二

（1）以 SCOTT 账户登录到 SQL * PLUS，创建表 myemp，myemp 和 emp 表具有相同的结构和记录；

（2）为 myemp 表的 empno 创建主键约束；

（3）为 myemp 表添加一列备注列 remark，查看表结构是否增加成功；

（4）创建一个序列 seq_test，开始值为 1，增量值为 1，最大值到 9999，达到最大值之后可以重复，使用 10 个序列预分配；

（5）创建一个表 test，字段有 id，name，day，日期默认系统日期，做 insert 操作，要求使用序列 seq_test；

（6）为 DEPT 表创建一个同义词 syn_dept，查看所有 DEPT 的信息；

（7）在 DEPT 表的 LOC 字段创建基于 LOWER 函数的索引；查询地址是 dallas 的部门信息；

（8）创建视图 v1_emp，只包含 emp 表中的 empno 和 ename 属性；

（9）创建视图 v2_cmp，视图包含 emp 表中的 empno 和 ename 属性和 DEPT 表中的 dname 属性，对这两个视图插入数据观察有什么不同。

实验九　创建和管理表空间

一、实验目的

1. 掌握创建表空间的方法和管理表空间(修改表空间参数、添加数据文件和改变表空间的状态等)的方法;

2. 掌握创建临时表空间的方法。

二、实验内容

在创建数据库时,Oracle 会自动地创建一系列表空间,例如 system 表空间。用户可以使用这些表空间进行数据操作。但是,在实际应用中,如果所有用户都使用系统自动创建的这几个表空间,将会严重影响 I/O 性能。

1. 创建表空间需要使用 CREATE TABLESPACE 语句。其基本语法如下:

```
CREATE [ TEMPORARY | UNDO ] TABLESPACE tablespace_name
  [
      DATAFILE | TEMPFILE 'file_name' SIZE size K | M [ REUSE ]
      [
          AUTOEXTEND OFF | ON
          [ NEXT number K | M MAXSIZE UNLIMITED | number K | M ]
      ]
      [ , ... ]
  ]
  [ MININUM EXTENT number K | M ]
  [ BLOCKSIZE number K]
  [ ONLINE | OFFLINE ]
  [ LOGGING | NOLOGGING ]
  [ FORCE LOGGING ]
  [ DEFAULT STORAGE storage ]
  [ COMPRESS | NOCOMPRESS ]
  [ PERMANENT | TEMPORARY ]
  [
      EXTENT MANAGEMENT DICTIONARY | LOCAL
      [ AUTOALLOCATE | UNIFORM SIZE number K | M ]
  ]
  [ SEGMENT SPACE MANAGEMENT AUTO | MANUAL ];
```

2. 重命名表空间的语法如下：

```
ALTER TABLESPACE tablespace_name RENAME TO new_tablespace_name;
```

3. 增加新的数据文件需要使用 ALTER TABLESPACE 语句，其语法如下：

```
ALTER TABLESPACE tablespace_name
ADD DATAFILE
file_name SIZE number K | M
    [
            AUTOEXTEND OFF | ON
            [ NEXT number K | M MAXSIZE UNLIMITED | number K | M ]
    ]
[ ,... ];
```

4. 删除表空间的数据文件的语法如下：

```
ALTER TABLESPACE tablespace_name DROP DATAFILE file_name;
```

5. 数据文件的状态主要有 3 种：ONLINE、OFFLINE 和 OFFLINE DROP。
设置数据文件状态的语法如下：

```
ALTER DATABASE DATAFILE file_name ONLINE | OFFLINE | OFFLINE DROP
```

其中，ONLINE 表示数据文件可以使用；OFFLINE 表示数据文件不可使用，用于数据库运行在归档模式下的情况；OFFLINE DROP 与 OFFLINE 一样用于设置数据文件不可用，但它用于数据库运行在非归档模式下的情况。

6. 删除表空间需要使用 DROP TABLESPACE 语句，其语法如下：

```
DROP TABLESPACE tablespace_name [INCLUDING CONTENTS [ AND DATAFILES ]]
```

7. 临时表空间：

临时表空间主要用于存储用户在执行 ORDER BY 等语句进行排序或汇总时产生的临时数据，它是所有用户公用的。默认情况下，所有用户都使用 temp 作为临时表空间。但是也允许使用其他表空间作为临时表空间，这需要在创建用户时进行指定。

创建临时表空间时需要使用 TEMPORARY 关键字，并且与临时表空间对应的是临时文件，由 TEMPFILE 关键字指定，而数据文件由 DATAFILE 关键字指定。

8. 设置默认表空间：

设置默认表空间需要使用 ALTER DATABASE 语句，语法如下：

```
ALTER DATABASE DEFAULT [ TEMPORARY ] TABLESPACE tablespace_name;
```

如果使用 TEMPORARY 关键字，则表示设置默认临时表空间；如果不使用该关键字，则表示设置默认永久性表空间。

9. 使用 Oracle Enterprise Manager 11g(OEM)管理表空间：

启动 OEM：【开始】→【程序】→【Oracle - OraDb11g_home1】→【Database Control - orcl】；用户名：sys，口令：XZyn1234，连接身份：SYSDBA。

在【服务器】→【存储】→【表空间】，如图 9 - 1 所示：

图 9-1   表空间页面

（1）创建永久性表空间 MYTS。单击"创建"按钮，出现如图 9-2 所示的页面，包括 2 个选项页面：一般信息、存储。

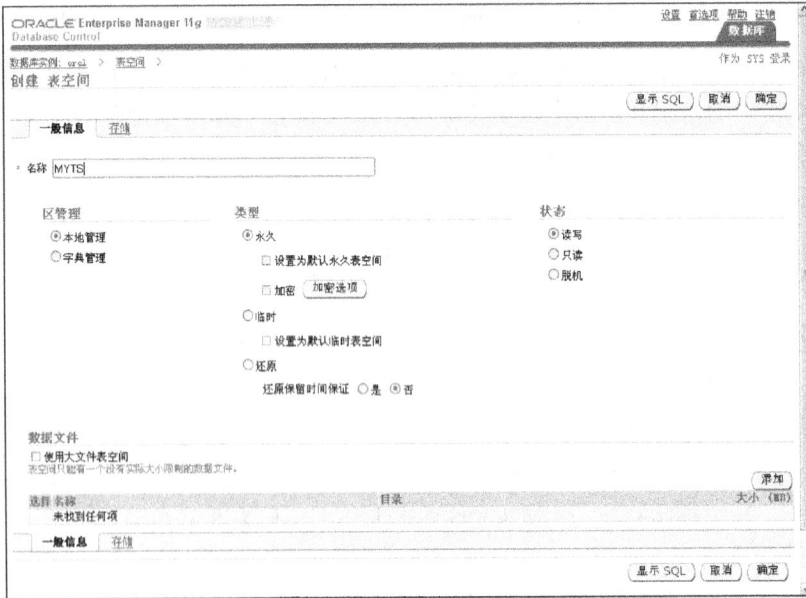

图 9-2   创建表空间——一般信息选项页面

（2）单击"添加"按钮，出现如图 9-3 所示的界面，为 MYTS 表空间创建数据文件 MYTS01.DBF。创建完成后，返回到图 9-2 所示的界面。

（3）单击"存储"选项页面，在该选项卡中进行区分配、段空间管理和启用事件记录设置。单击"确定"按钮。系统开始执行表空间的创建任务，完成后返回到如图 9-1 所示界面，此时在该界面出现了 MYTS 表空间。

图 9 - 3　创建表空间——添加数据文件后的界面

（4）管理表空间

管理表空间包括修改表空间参数、添加数据文件和改变表空间的状态等。在图 10 - 1 所示的界面中，单击选择要修改的表空间，打开如图 9 - 2 所示的相应表空间的编辑界面。

在"一般信息"选项页面中可以对表空间的状态进行修改，可以增删数据文件；而在"存储"选项页面中可以对表空间存储区的大小进行修改。注意：不能删除设置为默认永久性属性的表空间。

三、上机作业

1. 在命令提示符界面下，以 sys 账户连接到 Oracle 数据库；创建表空间 sample，数据文件放到 D 盘，大小 50M，自动扩展；查看以下表空间中是否有 sample；

2. 把用户 SCOTT 的默认表空间改为 sample；

3. 为表空间 sample 增加数据文件，数据文件放在 E 盘，初始大小 10 M，自动增长，每次增长大小为 5 M，最大到 50 M；

4. 修改表空间 sample 中在 D 盘的数据文件大小，改为 80 M；

5. 查看所有表空间的名称，数据文件地址，空间大小（把字节转成 MB）。

实验十　PL/SQL 程序设计

一、实验目的

1. 掌握 PL/SQL 程序的各组成部分；
2. 会设计简单的 PL/SQL 程序；
3. 使用显式游标以及游标属性、参数游标、游标 FOR 循环和使用显式游标更新或删除数据。

二、实验内容

（一）PL/SQL 块

创建一个 PL/SQL 块，利用替换变量输入职工号，查询该职工的工资，如果工资小于 3000 元，那么把工资更改为加 200 元。如果没有该员工，则显示"没有该员工！"

```
undefine 员工号；
DECLARE
    v_sal    emp. sal%type；
BEGIN
    SELECT sal INTO v_sal FROM emp WHERE empno＝&& 员工号；
    IF v_sal<3000 THEN
        UPDATE emp SET sal ＝sal＋200 WHERE empno ＝&& 员工号；
    END IF；
    dbms_output. put_line('工资为：'||v_sal)；
    EXCEPTION WHEN no_data_found THEN
        dbms_output. put_line('没有该员工！')；
END；
```

（二）使用游标

为了处理 SELECT 语句返回的多行数据，开发人员可以使用显式游标。使用显式游标包括定义游标、打开游标，提取数据和关闭游标。

（1）游标的使用：

```
DECLARE
    CURSOR emp_cursor IS SELECT ename，sal FROM emp WHERE deptno＝10；
    v_ename emp. ename%TYPE；
```

```
    v_sal emp. sal%TYPE;
BEGIN
    OPEN emp_cursor;
    LOOP
        FETCH emp_cursor INTO v_ename,v_sal;
        EXIT WHEN emp_cursor%NOTFOUND;
        dbms_output. put_line('姓名:'||v_ename||',工资:'||v_sal);
    END LOOP;
    CLOSE emp_cursor;
END;
```

（2）在游标中,使用 FETCH...BULK COLLECT INTO 语句提取所有数据:

```
DECLARE
    CURSOR emp_cursor IS
        SELECT ename FROM emp WHERE deptno=10;
    TYPE ename_table_type IS TABLE OF emp. ename%type;
    ename_table ename_table_type;
BEGIN
    OPEN emp_cursor;
    FETCH emp_cursor BULK COLLECT INTO ename_table;
    FOR i IN 1.. ename_table. COUNT LOOP
        dbms_output. put_line(ename_table(i));
    END LOOP;
    CLOSE emp_cursor;
END;
```

（3）使用游标属性:

```
DECLARE
    CURSOR emp_cursor IS
        SELECT ename FROM emp WHERE deptno=10;
    TYPE ename_table_type IS TABLE OF emp. ename%TYPE;
    ename_table ename_table_type;
BEGIN
    IF NOT emp_cursor%ISOPEN THEN 一如果游标未打开,则打开游标
        OPEN emp_cursor;
    END IF;
    FETCH emp_cursor BULK COLLECT INTO ename_table;
    dbms_output. put_line('提取的总行数:'||emp_cursor%ROWCOUNT);一显示总计行数
    CLOSE emp_cursor;
END;
```

（4）基于游标定义记录变量:

使用%ROWTYPE 属性不仅可以基于表和视图定义记录变量,也可以基于游标定义记录

变量。

当基于游标定义记录变量时,记录成员名实际就是 SELECT 语句的列名或列别名。为了简化显式游标的数据处理,建议开发人员使用记录变量存放游标数据。

```
DECLARE
    CURSOR emp_cursor IS SELECT ename,sal FROM emp;
    emp_record emp_cursor%ROWTYPE;
BEGIN
    OPEN emp_cursor;
    LOOP
        FETCH emp_cursor INTO emp_record;
        EXIT WHEN emp_cursor%NOTFOUND;
        dbms_output. put_line('雇员名:'||emp_record. ename||',雇员工资:'||emp_record. sal);
    END LOOP;
    CLOSE emp_cursor;
END;
```

(5) 带参数的游标:

```
DECLARE
    CURSOR emp_cursor(no NUMBER) IS
        SELECT ename FROM emp WHERE deptno=no;
    v_ename emp. ename%TYPE;
BEGIN
    OPEN emp_cursor(10);
    FETCH emp_cursor INTO v_ename;
    WHILE emp_cursor%found LOOP
        dbms_output. put_line(v_ename);
        FETCH emp_cursor INTO v_ename;
    END LOOP;
    CLOSE emp_cursor;
END;
```

注意,定义参数游标时,游标参数只能指定数据类型,而不能指定长度。

(6) 使用游标更新数据:

如果通过游标更新或删除数据,在定义游标时必须要带有 FOR UPDATE 子句。

```
DECLARE
    CURSOR emp_cursor IS
        SELECT ename,sal FROM emp FOR UPDATE;
    v_ename emp. ename%TYPE;
    v_oldsal emp. sal%TYPE;
BEGIN
    OPEN emp_cursor;
    LOOP
```

```
    FETCH emp_cursor INTO v_ename,v_oldsal;
    EXIT WHEN emp_cursor%NOTFOUND;
    IF v_oldsal<2000 THEN
        UPDATE emp SET sal = sal+100 WHERE CURRENT OF emp_cursor;
    END IF;
  END LOOP;
  CLOSE emp_cursor;
END;
```

（7）使用游标删除数据：

下面以解雇部门 30 的所有雇员为例。

```
DECLARE
    CURSOR emp_cursor IS
        SELECT deptno FROM emp FOR UPDATE;
    v_deptno emp. deptno%TYPE;
BEGIN
    OPEN emp_cursor;
    LOOP
        FETCH emp_cursor INTO v_deptno;
        EXIT WHEN emp_cursor%NOTFOUND;
        IF v_deptno=30 THEN
            DELETE FROM emp WHERE CURRENT OF emp_cursor;
        END IF;
    END LOOP;
    CLOSE emp_cursor;
END;
```

（8）使用游标 FOR 循环：

游标 FOR 循环式在 PL/SQL 块中使用游标最简单的方式。当使用游标开发 PL/SQL 应用程序时，为了简化程序代码，建议使用游标 FOR 循环。不需要手动打开和关闭游标。

```
DECLARE
    CURSOR emp_cursor IS SELECT ename,sal FROM emp;
BEGIN
    FOR emp_record IN emp_cursor
    LOOP
        dbms_output. put_line('第 '||emp_cursor%ROWCOUNT||'个雇员：'||emp_record. ename);
    END LOOP;
END;
```

REF CURSOR 类型动态关联结果集的临时对象。即在运行的时候动态决定执行查询。REF 游标是动态关联游标。

（9）弱类型 REF 游标：

弱类型 REF 游标：在定义 REF CURSOR 类型时不指定 RETURN 子句，不指定 return type，能和任何类型的 CURSOR 变量匹配，用于获取任何结果集。

语法：Type　REF 游标名　IS　Ref Cursor;

```
DECLARE
    TYPE emp_cursor_type IS REF CURSOR;
    emp_cursor emp_cursor_type;
    emp_record emp%ROWTYPE;
BEGIN
    OPEN emp_cursor FOR SELECT  *  FROM emp WHERE deptno=10;
    LOOP
        FETCH emp_cursor INTO emp_record;
        EXIT WHEN emp_cursor%NOTFOUND;
        dbms_output. put_line('第'||emp_cursor%ROWCOUNT||'个雇员'||emp_record. ename);
    END LOOP;
    CLOSE emp_cursor;
END;
```

（10）强类型 REF 游标：

强类型 REF 游标：在定义 REF CURSOR 类型时指定 RETURN 子句，指定 retrun type，REF 游标变量的类型必须和 return type 一致。

语法：Type　REF 游标名　IS　Ref Cursor Return　结果集返回记录类型;

```
DECLARE
    TYPE emp_record_type IS RECORD(
        name VARCHAR2(10),
        salary NUMBER(6,2));
    TYPE emp_cursor_type IS REF CURSOR RETURN emp_record_type;
    emp_cursor emp_cursor_type;
    emp_record emp_record_type;
BEGIN
    OPEN emp_cursor FOR SELECT ename,sal FROM emp WHERE deptno=20;
    LOOP
        FETCH emp_cursor INTO emp_record;
        EXIT WHEN emp_cursor%NOTFOUND;
        dbms_output. put_line('第'||emp_cursor%ROWCOUNT||'个雇员'||emp_record. name);
    END LOOP;
END;
```

三、上机作业

1. 创建一个 PL/SQL 块,要求根据用户输入的员工编号(EMPNO),查询出 EMP 表中该编号员工所在的部门编号(deptno)及其直接管理者的姓名(ename),要有异常处理(该员工编号不存在)。

2. 编写程序,格式化输出部门信息。

```
anonymous block completed
部门列表
---------------------------------
部门编号：10
部门名称：ACCOUNTING
所在城市：NEW YORK
---------------------------------
部门编号：20
部门名称：RESEARCH
所在城市：DALLAS
---------------------------------
部门编号：30
部门名称：SALES
所在城市：CHICAGO
---------------------------------
部门编号：40
部门名称：OPERATIONS
所在城市：BOSTON
---------------------------------
共有4个部门！
```

3. 已知每个部门有一个经理,编写程序,统计输出部门名称、部门总人数、总工资和部门经理。

```
anonymous block completed
----------- 部 门 统 计 表 -----------
部门名称     总人数      总工资      部门经理
SALES        6          12500      BLAKE
RESEARCH     5          12125      JONES
ACCOUNTING   3          8950       CLARK
---------------------------------------
```

4. 为雇员增加工资,从工资低的雇员开始,为每个人增加原工资的 10%,限定所有增加的工资总额为 800 元,显示增加工资的人数和余额。

```
anonymous block completed
姓名      原工资   新工资
-----------------------------------------
ADAMS     1430     1573
MILLER    1650     1815
JAMES     1705     1876
WARD      1850     2035
MARTIN    1850     1850
ALLEN     2000     2000
TURNER    2000     2000
SMITH     2035     2035
CLARK     2450     2450
JONES     2975     2975
SCOTT     3000     3000
FORD      3000     3000
BLAKE     3250     3250
KING      5000     5000
-----------------------------------------
增加工资人数:4 剩余工资:136
```

实验十一　存储过程和函数

一、实验目的

1. 会创建存储过程和执行存储过程；
2. 会创建函数和调用函数。

二、实验内容

（一）在 SQL Developer 中，创建、编译并运行 PL/SQL 存储过程

（1）在"连接"导航器中，右键单击"过程"节点以调用上下文菜单，然后选择"新建过程"。如图 11-1 所示。

（2）输入 EMP_LIST 作为过程名。然后单击"＋"，添加参数。如图 11-2 所示。

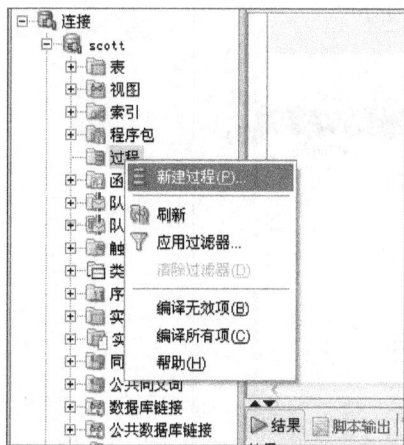

图 11-1　右键单击"过程"节点界面　　　　图 11-2　创建 PL/SQL 过程界面

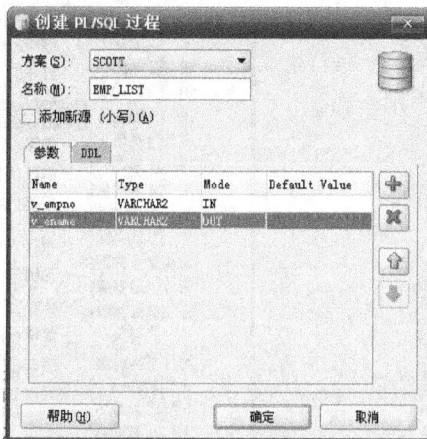

（3）随即显示指定参数的过程的框架。如图 11-3 所示。

```
CREATE OR REPLACE
PROCEDURE EMP_LIST
( v_empno IN VARCHAR2
, v_ename OUT VARCHAR2
) AS
BEGIN
  NULL;
END EMP_LIST;
```

图 11-3　指定了参数的过程界面

(4) 替换 NULL 以下 PL/SQL：

```
select ename INTO v_ename FROM emp WHERE empno= v_empno;
```

单击工具栏中的 Save 按钮，编译 PL/SQL 子程序。如图 11－4 所示。

```
CREATE OR REPLACE
PROCEDURE EMP_LIST
( v_empno IN VARCHAR2
, v_ename OUT VARCHAR2
) AS
BEGIN
  select ename INTO v_ename FROM emp WHERE empno= v_empno;
END EMP_LIST;
```

图 11－4 替换 NULL 的过程界面

注意：当 SQL Developer 检测到无效 PL/SQL 子程序时，系统导航器中该子程序的图标上用红色的"×"来指示状态。

(5) 运行 PL/SQL 过程。

单击"编译"图标，过程成功编译。在左侧导航器中，右键单击 EMP_LIST 并选择"运行"。如图 11－5 所示。

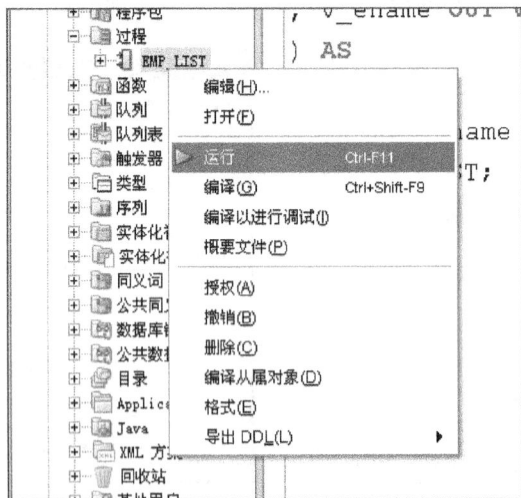

图 11－5 右键单击 EMP_LIST 并选择"运行"界面

该操作将调用"运行 PL/SQL"对话框。运行 PL/SQL 对话框允许选择要运行的目标过程或函数(对程序包有用)，并显示所选目标的参数列表。PL/SQL 块文本区域中包含的是 SQL Developer 用来调用所选程序的生成代码。使用该区域填充要传送到程序单元的参数以及处理复杂的返回类型。如图 11－6 所示。

将"V_EMPNO：＝ NULL；"更改为"V_EMPNO：＝7369；"，然后单击确定。如图 11－7 所示。

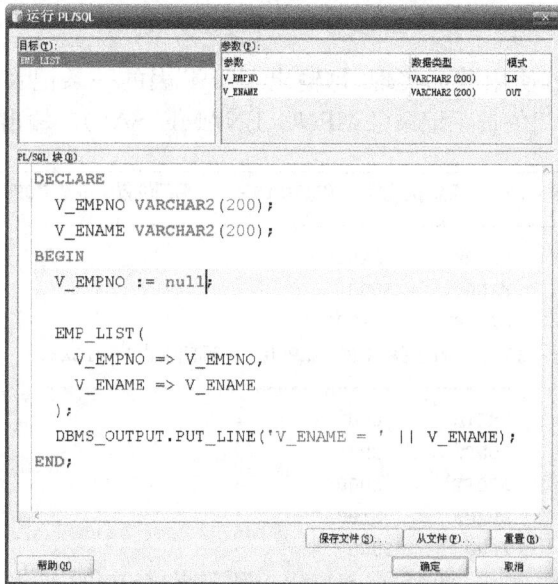

图 11-6　运行 PL/SQL 界面

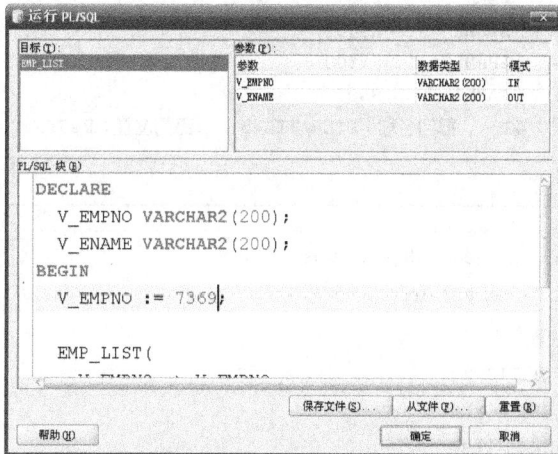

图 11-7　将"V_EMPNO：= NULL;"更改为"V_EMPNO：=7369;"界面

运行窗口中显示返回结果。如图 11-8 所示。

图 11-8　运行结果界面

（二）无参数的存储过程

创建一个存储过程，使用游标实现，每输出 DEPT 表的一条记录（DEPTNO、DNAME、LOC）后，随后输出该部门的员工记录（EMPNO、ENAME、SAL）。输出格式如下图所示。

```
部门编号：10    部门名称：ACCOUNTING    部门位置：NEW YORK
-------------------------------------------------
7782      CLARK      2450
7839      KING       5000
7934      MILLER     1300
部门编号：20    部门名称：RESEARCH     部门位置：DALLAS
-------------------------------------------------
7369      SMITH       800
7566      JONES      2975
7788      SCOTT      3000
7876      ADAMS      1100
7902      FORD       3000
部门编号：30    部门名称：SALES     部门位置：CHICAGO
-------------------------------------------------
7499      ALLEN      1600
7521      WARD       1250
7698      BLAKE      2850
7844      TURNER     1500
7900      JAMES       950
部门编号：40    部门名称：OPERATIONS    部门位置：BOSTON
-------------------------------------------------
```

```
create or replace procedure query_dept_emp is
    type sp_emp_cursor is ref cursor;
    test_cursor1 sp_emp_cursor;
    test_cursor2 sp_emp_cursor;
    v_deptno dept.Deptno%type;
    v_dname dept.dname%type;
    v_loc dept.loc%type;
    v_empno emp.empno%type;
    v_ename emp.ename%type;
    v_sal emp.sal%type;
begin
    open test_cursor1 for select deptno,dname,loc from dept;
    loop
        fetch test_cursor1 into v_deptno,v_dname,v_loc;
        exit when test_cursor1%notfound;
        dbms_output.put_line('部门编号:'||v_deptno||'部门名称:'||v_dname||'部门位置:'||v_loc);
```

```
      dbms_output. put_line('————————————————————————');
      open test_cursor2 for select empno,ename,sal from emp where deptno=v_deptno;
      loop
        fetch test_cursor2 into v_empno,v_ename,v_sal;
        exit when test_cursor2%notfound;
        dbms_output. put_line(v_empno||'        '||v_ename||'        '||v_sal);
      end loop;
    end loop;
    close test_cursor1;
    close test_cursor2;
  end;
  exec query_dept_emp;
```

（三）带 IN 参数的存储过程

创建一个 PL/SQL 块，根据输入的部门编号，用游标实现逐条输出 EMP 表中该部门每位员工的编号（empno）、姓名（ename）和工资（sal）信息。输出格式如下图所示。

```
anonymous block completed
员工编号        姓名        工资
7782          CLARK      2450
7839          KING       5000
7934          MILLER     1300
```

```
  create or replace procedure query_by_deptno(v_deptno in emp. Deptno%type) is
    type sp_emp_cursor is ref cursor;
    test_cursor sp_emp_cursor;
    v_empno emp. empno%type;
    v_ename emp. ename%type;
    v_sal emp. sal%type;
  begin
    open test_cursor for select empno,ename,sal from emp where deptno=v_deptno;
    dbms_output. put_line('员工编号        姓名        工资');
    loop
      fetch test_cursor into v_empno,v_ename,v_sal;
      exit when test_cursor%notfound;
      dbms_output. put_line(v_empno||'        '||v_ename||'        '||v_sal);
    end loop;
    close test_cursor;
  end;
  exec query_by_deptno(10);
```

(四) 带输入 IN、输出 OUT 参数的存储过程

查询 EMP 中给定职工号的姓名、工资和佣金。输出格式如下图所示。

```
anonymous block completed
emp_name
------
SMITH
```

```
CREATE OR REPLACE PROCEDURE query_emp
   (v_emp_no   IN    emp. empno%type,
    v_emp_name   OUT   emp. ename%type,
    v_emp_sal   OUT   emp. sal%type,
    v_emp_comm   OUT   emp. comm%type)
IS
  BEGIN
     SELECT ename,sal,comm
     INTO v_emp_name,v_emp_sal,v_emp_comm
     FROM EMP
     WHERE empno = v_emp_no;
END query_emp;



VARIABLE emp_name varchar2(15);
VARIABLE emp_sal number;
VARIABLE emp_comm number;
EXECUTE query_emp(7369,:emp_name,:emp_sal,:emp_comm);
PRINT emp_name;
```

(五) 使用隐式游标 SQL%NOTFOUND 的存储过程

解雇给定职工号的职工。如果职工号 7654 的职工不存在则出错。为了避免出错可使用了隐式游标 SQL%NOTFOUND 语句。

```
CREATE OR REPLACE PROCEDURE fire_emp(v_emp_no IN emp. empno%type)
IS
BEGIN
   DELETE FROM EMP WHERE empno = v_emp_no;
   IF SQL%NOTFOUND THEN
      dbms_output. put_line('雇员号为:'||v_emp_no||'的员工不存在!。');
   else
```

```
        dbms_output.put_line('已删除雇员号为：'||v_emp_no||'的员工。');
    END IF;
END fire_emp;

EXECUT fire_emp(7654);
```

注：Oracle 中的 SQL％FOUND、SQL％NOTFOUND、SQL％ROWCOUNT 和 SQL％ISOPEN：

在执行 DML(insert,update,delete)语句时，可以用到以下 3 个隐式游标(游标是维护查询结果的内存中的一个区域，运行 DML 时打开，完成时关闭，用 SQL％ISOPEN 检查是否打开)

SQL％FOUND(布尔类型，默认值为 null)

SQL％NOTFOUND(布尔类型，默认值为 null)

SQL％ROWCOUNT(数值类型，默认值为 0)

SQL％ISOPEN(布尔类型)

当执行一条 DML 语句后，DML 语句的结果保存在 4 个游标属性中，这些属性用于控制程序流程或者了解程序的状态。当运行 DML 语句时，PL/SQL 打开一个内建游标并处理结果，游标是维护查询结果的内存中的一个区域，游标在运行 DML 语句时打开，完成后关闭。隐式游标只使用 SQL％FOUND、SQL％NOTFOUND、SQL％ROWCOUNT 3 个属性。SQL％FOUND、SQL％NOTFOUND 是布尔值，SQL％ROWCOUNT 是整数值。

在执行任何 DML 语句前 SQL％FOUND 和 SQL％NOTFOUND 的值都是 NULL，在执行 DML 语句后，SQL％FOUND 的属性值将是：

① TRUE：INSERT

② TRUE：DELETE 和 UPDATE，至少有一行被 DELETE 或 UPDATE

③ TRUE：SELECT INTO 至少返回一行

当 SQL％FOUND 为 TRUE 时，SQL％NOTFOUND 为 FALSE。

在执行任何 DML 语句之前，SQL％ROWCOUNT 的值都是 NULL，对于 SELECT INTO 语句，如果执行成功，SQL％ROWCOUNT 的值为 1。如果没有成功或者没有操作(如 update、insert、delete 为 0 条)，SQL％ROWCOUNT 的值为 0。

SQL％ISOPEN 是一个布尔值，如果游标打开，则为 TRUE，如果游标关闭，则为 FALSE. 对于隐式游标而言 SQL％ISOPEN 总是 FALSE，这是因为隐式游标在 DML 语句执行时打开，结束时就立即关闭。

SQL％ROWCOUNT：该数字属性返回了到目前为止，游标所检索数据库行的个数。

NO_DATA_FOUND 与 SQL％NOTFOUND 的区别：

NO_DATA_FOUND：该异常可以在两种不同的情况下出现：第一种：当 SELECT…INTO 语的 WHERE 子句没匹配任何数据行时；第二种：试图引用尚未赋值的 PL/SQL index-by 表元素时。

SQL％NOTFOUND：是隐匿游标的属性，当没有可检索的数据时，该属性为：TRUE；常作为检索循环退出的条件。若某 UPDATE 或 DELETE 语句的 WHERE 子句不匹配任何数据行，该属性为：TRUE，但不并不出现 NO_DATA_FOUND 异常。

(六) 自定义函数

用 Function 查询出 EMP 中给定职工号的工资。输出格式如下图所示。

```
anonymous block completed
emp_sal
---
950
```

```
CREATE OR REPLACE FUNCTION get_sal
    (v_emp_no    IN    emp.empno%type)
    RETURN number
IS
    V_emp_sal    emp.sal%type := 0;
BEGIN
    SELECT sal INTO v_emp_sal
    FROM EMP WHERE empno = v_emp_no;
    RETURN (v_emp_sal);
END get_sal;

VARIABLE emp_sal number;
EXECUTE :emp_sal := get_sal('7900');
PRINT emp_sal;
```

三、上机作业

1. 使用替换变量输入部门号,删除该部门的信息,并处理可能出现的错误。如果成功删除,则显示"该部门被删除";如果该部门不存在,则显示消息"部门不存在";

2. 根据用户输入的部门编号实现逐行显示 emp 表中该部门员工的工资级别。工资级别是:当工资为空时,为"没有工资",工资在 1 000 元以下的为"低工资",在 1 000 和 3 000 之间的为"中等工资",高于 3 000 元的为"高工资"。当没有该部门号时,有异常处理,显示"你输入的部门编号错误!"。

```
anonymous block completed
CLARK,工资为2450,是中等工资
KING,工资为5000,是高工资
MILLER,工资为1300,是中等工资
```

实验十二　分区表的创建和使用

一、实验目的

1. 掌握在 SQL * Plus 中创建和修改分区表；
2. 掌握了解使用 OEM 创建和修改分区表。

二、实验内容

ORACLE 的分区是一种处理超大型表、索引等的技术。分区是一种"分而治之"的技术，通过将大表和索引分成可以管理的小块，从而避免对每个表作为一个大的、单独的对象进行管理，为大量数据提供可伸缩的性能。分区通过将操作分配给更小的存储单元，减少需要进行管理操作的时间，并通过增强的并行处理提高性能，通过屏蔽故障数据的分区，还增加了可用性。

（一）范围分区（按时间列来分区）

例：假设一张销售表 SALES 年数据总量达到 10G，每个季度平均 2.5G。创建范围分区表，将一、二、三、四季度的销售数据存放到不同分区段中。

分析：如果使用普通表存储数据，则 10G 数据会存放到一个表段 SALES 中，那么在统计某一个季度销售数据时需要扫描 10G 数据；使用分区表可以将四个季度的数据分别存放在不同分区段中，当统计某一季度销售数据只需要扫描 2.5G 数据，大大降低了 I/O 次数，提高I/O性能。

实现一：SQL Developer 环境实现

创建范围分区表 SALES。在"列"选项卡中输入表名 SALES、所属用户 SCOTT、列信息。在"分区"选项卡中指定分区方式和分区列。在"分区定义"子选项卡中指定各分区名称及各分区的值。点击"确定"按钮，实现分区表 SALES 的创建。如图 12-1、12-2 所示。

实现二：SQL 脚本实现

步骤 1：创建范围分区表

```
create table sales
(
    customer_id number(3),
    sales_amount number(10,2),
)    sales_date DATE
```

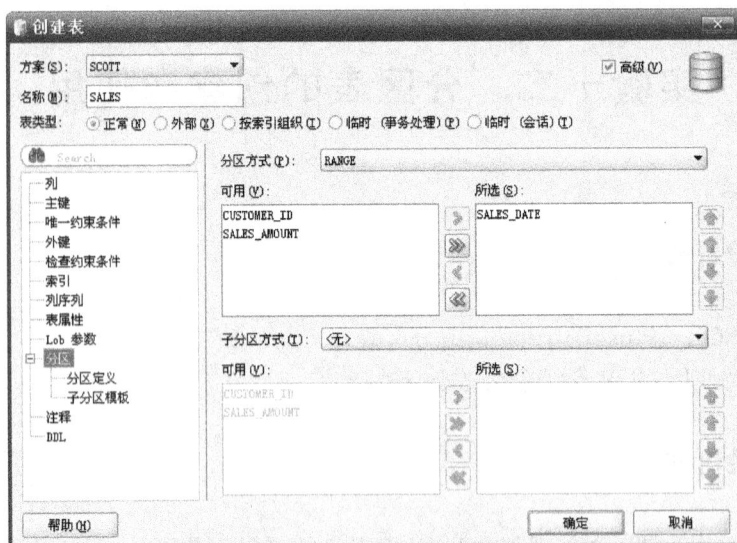

图 12-1 创建范围分区界面

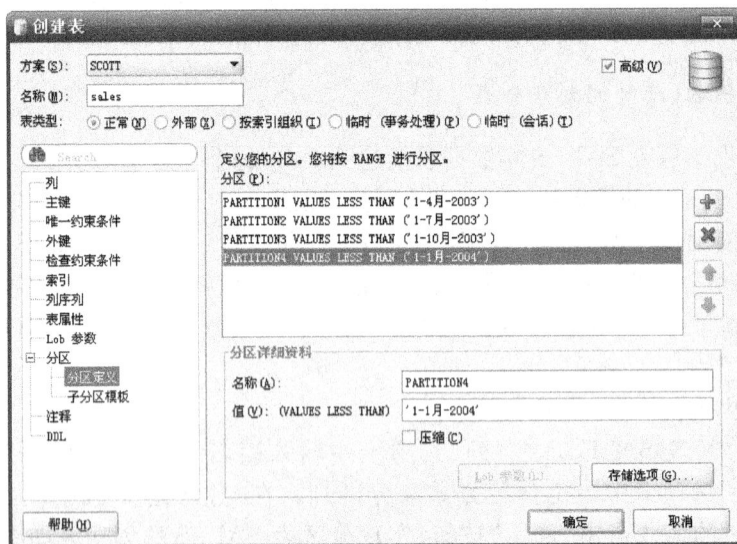

图 12-2 指定范围分区定义界面

```
PARTITION BY RANGE(sales_date)
(
    PARTITION p1 VALUES LESS THAN (TO_DATE('2003-4-1','YYYY-MM-DD')),
    PARTITION p2 VALUES LESS THAN (TO_DATE('2003-7-1','YYYY-MM-DD')),
    PARTITION p3 VALUES LESS THAN (TO_DATE('2003-10-1','YYYY-MM-DD')),
    PARTITION p4 VALUES LESS THAN (TO_DATE('2004-1-1','YYYY-MM-DD'))
);
```

步骤 2：从数据字典中查看范围分区表的定义

（1）设置 segment_name 显示长度为 10，其中 a 为"字符型"的意思

> COL segment_name format a10；

（2）通过查询数据字典 user_segments 来查看所建立表的定义。

> select tablespace_name,segment_name,partition_name
> from user_segments
> where segment_name='SALES'；

注意：创建了表之后，无论表名是大写还是小写，在数据字典中，一律以大写存放，所以，按表名查找时，表名必须为大写。

使用范围分区表：

① 执行如下插入操作并提交，12 条记录将均匀的存储在 SALES 表中。

> insert into sales values(1,28500,'12-1 月-2003')；
> insert into sales values(2,31500,'25-4 月-2003')；
> insert into sales values(3,18500,'23-2 月-2003')；
> insert into sales values(4,30520,'2-5 月-2003')；
> insert into sales values(5,27800,'15-6 月-2003')；
> insert into sales values(6,34500,'7-1 月-2003')；
> insert into sales values(7,56500,'2-8 月-2003')；
> insert into sales values(8,37670,'8-9 月-2003')；
> insert into sales values(9,68500,'7-12 月-2003')；
> insert into sales values(10,36500,'18-3 月-2003')；
> insert into sales values(11,28587,'28-7 月-2003')；
> insert into sales values(12,30980,'22-11 月-2003')；
> commit；

② 既可以查看表中的数据，也可以查看各分区的定义。

按表来查询 select * from sales；

按分区来查询 select * from sales partition(p1)；

注意：既要指明表名，又要指明分区名。

③ 当执行如下语句，观察结果返回几行记录，那条语句查询效率更高？

全表扫描 select * from sales where sales_date='12-1 月-2003'；

分区扫描 select * from sales partition(p1) where sales_date='12-1 月-2003'；

（二）列表分区

某公司经常需要以地理位置统计销售数据。比如统计上海的销售数据和北京的销售数据等等。由于数据量大，公司建议将数据存储在不同的分区上，避免查找信息的时候扫描全表增加开销。根据以上要求为该公司建立销售数据表 SALES_BY_REGION。

（1）建表：

```
create table sales_by_region
(
    deptno number,
    dname varchar2(20),
    quarterly_sales number(10,2),
    city varchar2(10)
)
PARTITION BY LIST (city)
(
    PARTITION p1 VALUES('北京','上海'),
    PARTITION p2 VALUES('重庆','广州'),
    PARTITION p3 VALUES('南京','武汉')
);
```

（2）插入示范数据，并观察个分区数据的具体存储：

```
insert into sales_by_region VALUES(10,'SALES',20800,'上海');
insert into sales_by_region VALUES(10,'SALES',24800,'重庆');
insert into sales_by_region VALUES(10,'SALES',28800,'武汉');
commit;
```

（3）查看各分区数据命令：

```
select * from sales_by_region partition(p1);
select * from sales_by_region partition(p2);
select * from sales_by_region partition(p3);
```

SQL Developer 环境实现，如图 12-3、12-4 所示。

图 12-3　创建列表分区界面

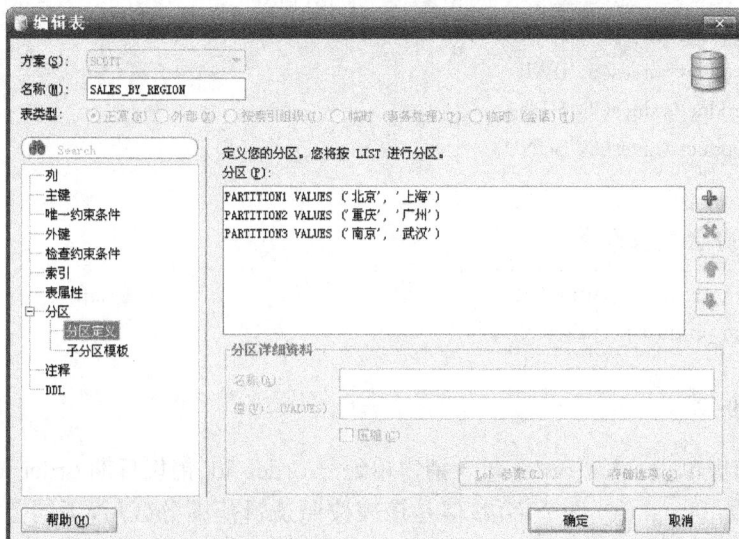

图 12 - 4　指定列表分区定义界面

（三）散列分区

创建一张产品编码表 PRODUCT，将产品编码的信息均匀的部署在两个不同的物理分区上，插入示例数据进行验证。

（1）建表：

```
create table product
(
    product_id number(6),
    description varchar2(30)
)
PARTITION BY HASH(product_id)
(
    PARTITION p1 tablespace users,
    PARTITION p2 tablespace users
);
```

（2）通过数据字典查看表的定义：

```
Select tablespace_name,segment_name,partition_name
from user_segments
where segment_name='PRODUCT';
```

（3）插入 8 条示例数据，并验证各分区中存储的数据；

```
insert into product values(1,'Philips');
insert into product values(2,'TCL');
insert into product values(3,'KONKA');
insert into product values(4,'PANASONIC');
```

```
insert into product values(5,'INTEL');
insert into product values(6,'IBM');
insert into product values(7,'HP');
insert into product values(8,'SUN');
commit;
```

(4) 查看各分区数据命令：

```
select * from product partition(p1);
select * from product partition(p2);
```

(四) 组合分区

某公司的销售单表 sales_order 包含销售单编号 order_id、销售日期 order_date、产品编号 procduct_id 和数量 quantity 四个字段，但是该表按照逻辑范围分区后，不同范围的数据分布不均匀，试通过范围/散列组合分区有效的部署销售单表的数据。

(1) 建表

```
create table sales_order
(
    order_id number,
    order_date date,
    product_id number,
    quantity number
)
    PARTITION BY RANGE(order_date)
    SUBPARTITION BY HASH(product_id)
    (
    PARTITION p1 VALUES LESS THAN (TO_DATE('2003-4-1','YYYY-MM-DD'))
        (SUBPARTITION p1_sub1,SUBPARTITION p1_sub2),
    PARTITION p2 VALUES LESS THAN (TO_DATE('2003-7-1','YYYY-MM-DD'))
        (SUBPARTITION p2_sub1,SUBPARTITION p2_sub2),
    PARTITION p3 VALUES LESS THAN (TO_DATE('2003-10-1','YYYY-MM-DD'))
        (SUBPARTITION p3_sub1,SUBPARTITION p3_sub2),
    PARTITION p4 VALUES LESS THAN (TO_DATE('2004-1-1','YYYY-MM-DD'))
        (SUBPARTITION p4_sub1,SUBPARTITION p4_sub2)
    );
```

(2) 通过数据字典观察分区的定义

```
select tablespace_name,segment_name,partition_name
from user_segments
where segment_name='SALES_ORDER';
```

（3）插入示例数据进行验证

```
insert into sales_order VALUES(1,'12-4月-2003',1,100);
insert into sales_order VALUES(2, '2-1月-2003',2,100);
insert into sales_order VALUES(3, '3-7月-2003',3,100);
insert into sales_order VALUES(4, '5-3月-2003',4,100);
insert into sales_order VALUES(5, '1-11月-2003',1,100);
insert into sales_order VALUES(6, '9-5月-2003',2,100);
insert into sales_order VALUES(7, '12-8月-2003',3,100);
insert into sales_order VALUES(8, '2-10月-2003',4,100);
insert into sales_order VALUES(9, '16-2月-2003',1,100);
insert into sales_order VALUES(10, '23-6月-2003',2,100);
insert into sales_order VALUES(11, '6-9月-2003',3,100);
insert into sales_order VALUES(12, '7-12月-2003',4,100);
insert into sales_order VALUES(13, '27-4月-2003',1,100);
insert into sales_order VALUES(14, '4-1月-2003',2,100);
insert into sales_order VALUES(15, '19-7月-2003',3,100);
insert into sales_order VALUES(16, '22-5月-2003',4,100);
commit;
```

（4）查看分区中数据存储：select * from sales_order PARTITION(P1);

（5）查看子分区中数据存储：select * from sales_order SUBPARTITION(p1_sub1);

三、上机作业

1. 创建一个范围分区表 student_range，其表结构与 student 表相同，按学生年龄分为 3 个区，P1 分区存放小于 20 岁的学生，P2 分区存放 20 岁～30 岁的学生，其余放在 P3 分区中。

student 表结构

列名	数据类型	是否空值	约束	说明
SNO	Number(4)	否	主键	学号
SNAME	Varchar2(10)	否	唯一	姓名
SAGE	Number(2)	是	大于0，小于100	年龄
SEX	Char(2)	是	'男'或'女'　默认值为'男'	性别
CNO	Number(2)	是	外键	班级号

2. 创建一个列表分区表 student_list，其表结构与 student 表相同，按学生性别分为两个区 male、female。

实验十三 数据库的安全性

一、实验目的

1. 掌握会创建表空间和用户；
2. 掌握会授予与回收用户的权限；
3. 掌握会创建角色。

二、实验内容

创建用户前必须要先建好数据表空间和临时表空间两个表空间，要创建表空间、用户必须以数据库管理员身份登录，这里以 SYSTEM 用户登录即可创建。

（一）创建数据表空间（永久表空间）

```
CREATE TABLESPACE test
DATAFILE 'D:\\test\\test.dbf'
SIZE 100M
AUTOEXTEND ON NEXT 100M
MAXSIZE UNLIMITED;
```

注意：先在 d:盘创建 test 文件夹。

（二）创建临时表空间

```
CREATE TEMPORARY TABLESPACE test_temp
TEMPFILE 'D:\\test\\test_temp.dbf'
SIZE 100M
AUTOEXTEND ON NEXT 32M
MAXSIZE 2048M;
```

（三）创建用户

创建一个用户 user1，口令为 user1，默认表空间为 test，在该表空间的配额为 10 MB，初始状态为锁定。

```
CREATE USER user1
IDENTIFIED BY user1
DEFAULT TABLESPACE test QUOTA 10M
ON USERS ACCOUNT LOCK;
```

注意：创建用户时如果没有指定默认表空间和临时表空间，则该用户将使用系统自带的 USERS表空间作为默认表空间，自带的 TEMP 表空间作为临时表空间。

（四）解锁用户

如果用户被锁住，则该用户无法访问数据库，以系统管理员 SYSTEM 用户登录后，使用 ALTER 命令可对用户进行解锁。

```
ALTER USER user1 ACCOUNT UNLOCK;
```

（五）授予系统权限

系统权限（SYSTEM PRIVILEGE）：系统规定用户使用数据库的权限（系统权限是对用户而言），如：CREATE SESSION、CREATE TABLE 等。

用户创建完成，必须给用户授予 create session 权限，才能登陆 oracle。

```
GRANT create session TO user1;
```

必须授予 create table 权限，该用户才能创建表。

```
GRANT create table TO user1;
```

注意：如果没有使用表空间的权限，需要给用户授权使用表空间的权限：（unlimited：不受上限的使用表空间）

```
GRANT unlimited tablespace TO user1;
```

（六）授予对象权限

对象权限（OBJECT PRIVILEGE）：允许用户访问或操作指定的数据库对象（如对表中的数据进行增删改操作等）执行特定操作（是针对表或视图等数据库对象而言的）；如：select、update、delete 等。

在 Oracle 中，各个用户之间是隔离开来的，不能相互访问对方的表数据；但是 sys 用户是可以看见普通用户的表信息的。普通用户之间是可以通过授权来是别的普通用户查看自己的表信息的。

如：scott 用户将查询表 emp 的信息的权限授权给 user1，但是 user1 仅有查询的权限，插入数据等其他权限是不具备的。（以 scott 用户登录）

```
GRANT select ON emp TO user1;
```

对象权限可以控制到列，如：scott 用户只将更新 ename 列的权限授权给 user1。

```
GRANT update(ename) ON emp TO user1;
```

（七）创建角色

角色是一组权限的集合。

Oracle 三个标准角色：

Connect：拥有 CONNECT 角色的用户，可以与服务器建立连接会话，不可以创建表。

Resource：RESOURCE 角色允许用户创建表、过程、触发器、序列等特权。

DBA:DBA 角色拥有所有的系统权限——包括无限制的空间限额和给其他用户授予各种权限的能力。

注意:如果新创建的用户需要登录到 OEM,则必须给用户授予 SELECT_CATALOG_ROLE 角色后才可以登录,否则只有管理员身份的用户才可以登录到 OEM。

> sys 用户创建一个角色 myrole:
> CREATE role myrole;
> 将权限授权给 myrole:
> GRANT create session TO myrole;
> GRANT create table TO myrole;
> sys 将 myrole 角色授权给用户:
> GRANT myrole TO user1;

注意:有些系统权限比较特殊,是不能放到角色中的,如:unlimited tablespace;这些权限很高、很特殊、是不能存放到角色中的,必须直接赋予给用户。

(八) 回收用户的权限

回收 user1 用户的 create table 权限。

> REVOKE create table FROM user1;

(九) 删除用户

> DROP USER user1;　　　　　　——用户没有创建任何对象时直接可以删除用户。
> DROP USER user1 CASCADE;　——用户如果有其他对象,加上 CASCADE 关键字连同该用户的所有对象一并删除。

10. 用 Oracle Enterprise Manager(OEM)创建用户和角色:如图 13-1、13-2 所示。

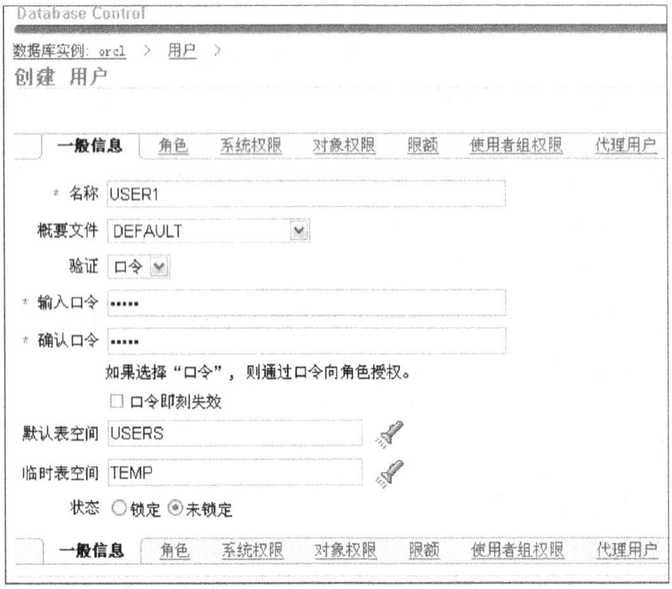

图 13-1　创建用户界面

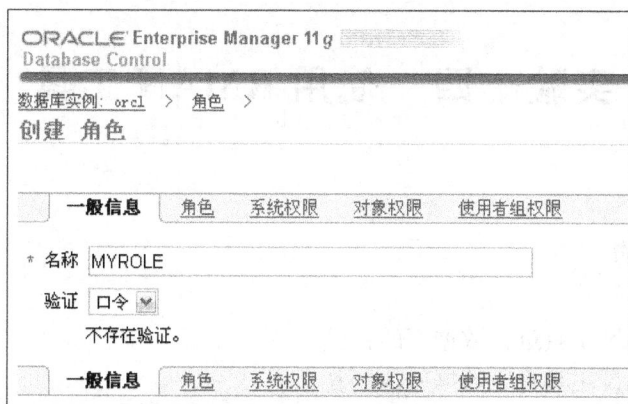

图 13 - 2　创建角色界面

三、上机作业

1. 创建一个口令认证的数据库用户 usera,口令为 usera,默认表空间为 USERS,配额为 10MB,初始账户为锁定状态。

2. 创建一个口令认证的数据库用户 userb,口令为 userb。

3. 为 usera 用户授予 CREATE SESSION 权限,scott. emp 的 SELECT 权限和 UPDATE 权限。同时允许该用户将获得的权限授予其他用户。

4. 将用户 usera 的账户解锁。

5. 用 usera 登录数据库,查询和更新 scott. emp 中的数据。

6. 将 scott. emp 的 SELECT 和 UPDATE 权限授予用户 userb。

7. 创建角色 rolea,将 CREATE TABLE 权限,scott. emp 的 INSERT 权限和 DELETE 权限授予 rolea。

8. 将角色 rolea 授予用户 usera。

9. 创建一个概要文件 pwdfile,限定该用户的最长会话时间为 30 分钟,如果连续 10 分钟空闲,则结束会话。同时,限定其口令有效期为 20 天,连续登录 4 次失败后将锁定账户,10 天后自动解锁。

10. 更改用户 usera 的概要文件为 pwdfile。

实验十四　使用 RMAN 工具

一、实验目的

1. 会使用 RMAN 工具进行数据库的备份。
2. 会使用 RMAN 工具进行数据库的恢复。

二、实验内容

（一）检查数据库归档模式

以 sys 用户登录，执行命令 archive log list 查看是否归档。

```
SQL> conn sys/XZyn1234 as sysdba
已连接。
SQL> ARCHIVE LOG LIST;
数据库日志模式                非存档模式
自动存档                      禁用
存档终点                      USE_DB_RECOVERY_FILE_DEST
最早的联机日志序列             19
当前日志序列                  21
```

把数据库改成归档模式：

（1）正常关闭数据库：shutdown immediate；

（2）启动数据库到 mount 状态：startup mount；

（3）更改数据库到归档模式：alter database archivelog；

（4）打开数据库：alter database open；

```
SQL> shutdown immediate
数据库已经关闭。
已经卸载数据库。
ORACLE 例程已经关闭。
SQL> startup mount;
ORACLE 例程已经启动。

Total System Global Area  636100608 bytes
Fixed Size                  1376464 bytes
Variable Size             402657072 bytes
Database Buffers          226492416 bytes
Redo Buffers                5574656 bytes
数据库装载完毕。
SQL> alter database archivelog;

数据库已更改。

SQL> alter database open;

数据库已更改。
```

（二）RMAN 的启动与退出

在命令行提示下输入：rman target sys/XZyn1234 nocatalog;

或 rman target sys/XZyn1234;

在 RMAN 提示符下输入 exit 或 quit，可以退出 RMAN。

（三）对整个数据库进行全备份（full backup）

只要输入命令：backup database;

（四）备份表空间

backup tablespace tablespacename;

若不知道 tablespace 的名字，在 rman 中，可要通过 report schema 命令，来查看表空间的名字。

（五）单命令与批命令

单命令：backup database;

批命令：
```
run{
allocate channel cha1 type disk；
backup format  'e：\full_T%T' tag full_backup database；
release channel cha1；
}
```

channel 的概念：一个 channel 是 rman 于目标数据库之间的一个连接，"allocate channel"命令在目标数据库启动一个服务器进程，同时必须定义服务器进程执行备份和恢复操作使用的 I/O 类型。

（六）list backupset 查看备份的具体信息

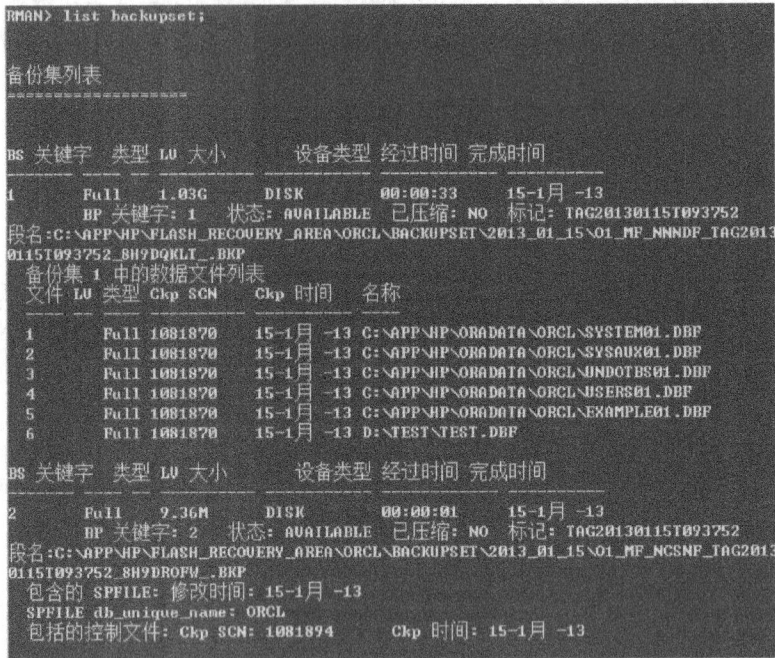

注意：可以把备份的文件才备份的目录拷贝到磁带上，然后删除备份目录下面的备份文件，如果下次需要恢复的话，只要把文件重新拷回到原来的备份目录就可以了。验证备份：validate backupset 1；

（七）增量备份

全备份和 0 级增量备份。全备份和 0 级增量备份几乎是一样的。唯一的区别是 0 级增量备份能作为增量备份的基础，而全备份不能作为增量备份的基础。其他方面完全一致。
backup incremental level＝0(leve 0) database；　（增量为 0 的备份）
backup incremental level 1(level＝1) database；　（增量为 1 的备份）

（八）RMAN 恢复

使用数据库非归档模式恢复，在最后一次备份之后对数据库的任何操作都将丢失。使用数据库归档模式恢复的特点是归档重做日志文件的内容将应用到数据文件上，在恢复过程中，

RMAN 会自动确定恢复数据库需要哪些归档重做日志文件。

数据库的恢复：

```
restore database;
recover database;
```

数据文件恢复：

```
restore datafile 4;
recover datafile 4;
```

表空间恢复：

```
restore tablespace users;
recover tablespace users;
```

注意：如果还原系统表空间文件，数据库必须关闭，因为系统表空间不可以脱机。

三、上机作业

1. 首先确保数据库处于归档模式。

2. 备份整个数据库和归档日志文件。

RAMN＞backup format 'd:/full_t%T_s%s'database plus archivelog;

3. 在表空间上创建表 temp1。

SQL＞create table temp1(a1 number(10),a2 char(10)) tablespace users;

4. 插入一条数据，提交并强制切换日志。

SQL＞insert into temp1 values (1,'aa');

SQL＞commit;

SQL＞alter system switch logfile;

5. 插入一条数据并提交。

SQL＞insert into temp1 values(2,'bb');

SQL＞commit;

6. 正常关闭数据库。

SQL＞shutdown immediate;

7. 模拟数据文件损坏(在操作系统下，删除 user01.dbf 文件或移到别处)

8. 启动数据库，若发现数据库打不开，查看错误原因。

SQL＞startup;

9. 恢复数据库：

RAMN＞restore datafile 4; （或 restore database;）

RAMN＞recover datafile 4; （或 recover database;）

10. 验证数据文件是否恢复(已恢复)，打开数据库，验证 temp1 表中是否丢失数据(没有丢失数据)。

alter database open;

select * from temp1;

实验十五　闪回技术

一、实验目的

1. 掌握闪回查询的使用；
2. 掌握闪回表的使用；
3. 掌握闪回删除的使用；
4. 掌握闪回数据库的使用。

二、实验内容

闪回技术分类：

1. 闪回查询(Flashback Query)：查询过去某个时间点或某个 SCN 值时表中的数据信息。

2. 闪回版本查询(Flashback Version Query)：查询过去某个时间段或某个 SCN 段内表中数据的变化情况。

3. 闪回事务查询(Flashback Transaction Query)：查看某个事务或所有事务在过去一段时间对数据进行的修改。

4. 闪回表(Flashback Table)：将表恢复到过去的某个时间点或某个 SCN 值时的状态。

5. 闪回删除(Flashback Drop)：将已经删除的表及其关联对象恢复到删除前的状态。

6. 闪回数据库(Flashback Database)：将数据库恢复到过去某个时间点或某个 SCN 值时的状态。

注意：

(1) 闪回查询、闪回版本查询、闪回事务查询以及闪回表主要是基于撤销表空间中的回滚信息实现的。

(2) 闪回删除、闪回数据库是基于 Oracle 中的回收站(Recycle Bin)和闪回恢复区(Flash Recovery Area)特性实现的。

(3) 为了使用数据库的闪回技术，必须启用撤销表空间自动管理回滚信息。

(4) 如果要使用闪回删除技术和闪回数据库技术，还需要启用回收站、闪回恢复区。

(一) 闪回查询(Flashback Query)

闪回查询的机制：闪回查询是指利用数据库回滚段存放的信息查看指定表中过去某个时间点的数据信息，或过去某个时间段数据的变化情况，或某个事务对该表的操作信息等。为了使用闪回查询功能，需要启动数据库撤销表空间来管理回滚信息。

闪回查询可以返回过去某个时间点已经提交事务操作的结果。

基本语法：

```
SELECT column_name[,…]
FROM table_name
[AS OF SCN|TIMESTAMP expression]
[WHERE condition]
```

（1）基于 AS OF TIMESTAMP 的闪回查询

```
SQL>ALTER SESSION SET NLS_DATE_FORMAT='YYYY-MM-DD HH24：MI：SS';
SQL>SET TIME ON
09：12：50 SQL>SELECT empno,sal FROM scott.emp WHERE empno=7844；
09：13：00 SQL>UPDATE scott.emp SET sal=2000 WHERE empno=7844；
09：13：07 SQL>COMMIT；
09：13：12 SQL>UPDATE scott.emp SET sal=2500 WHERE empno=7844；
09：14：28 SQL>UPDATE scott.emp SET sal=3000 WHERE empno=7844；
09：14：41 SQL>COMMIT；
09：14：50 SQL>UPDATE scott.emp SET sal=3500 WHERE empno=7844；
09：15：43 SQL>COMMIT；
查询 7844 号员工的当前工资值。
09：15：48 SQL>SELECT empno,sal FROM scott.emp WHERE empno=7844；
查询 7844 号员工前一个小时的工资值。
09：16：00 SQL>SELECT empno,sal FROM scott.emp AS OF TIMESTAMP SYSDATE-1/24
WHERE empno=7844；
查询第一个事务提交,第二个事务还没有提交时 7844 号员工的工资。
09：16：22 SQL>SELECT empno,sal FROM scott.emp
        AS OF TIMESTAMP TO_TIMESTAMP('2012-3-23 09：14：41','YYYY-MM-DD
        HH24：MI：SS')
        WHERE empno=7844；
查询第二个事务提交,第三个事务还没有提交时 7844 号员工的工资。
09：17：47 SQL>SELECT empno,sal FROM scott.emp
          AS OF TIMESTAMP TO_TIMESTAMP('2012-3-23 09：15：43',')
        YYYY-MM-DD HH24：MI：SS'
        WHERE empno=7844；
如果需要,可以将数据恢复到过去某个时刻的状态。
09：25：23 SQL>UPDATE scott.emp SET sal=（
        SELECT sal
        FROM scott.emp
        AS OF TIMESTAMP TO_TIMESTAMP('2012-3-23 9：15：43','YYYY-MM-DD
    HH24：MI：SS') WHERE empno=7844
    ）WHERE empno=7844；
09：25：55 SQL>COMMIT；
09：26：13 SQL>SELECT empno,sal FROM scott.emp WHERE empno=7844；
```

（2）基于 AS OF SCN 的闪回查询

```
09：27：58 SQL＞SELECT current_scn FROM v＄database；
09：27：58 SQL＞SELECT empno,sal FROM scott.emp WHERE empno＝7844；
09：28：21 SQL＞UPDATE scott.emp SET sal＝5000 WHERE empno＝7844；
09：29：23 SQL＞COMMIT；
09：29：31 SQL＞UPDATE scott.emp SET sal＝5500 WHERE empno＝7844；
09：29：55 SQL＞COMMIT；
09：30：14 SQL＞SELECT current_scn FROM v＄database；
09：30：37 SQL＞SELECT empno,sal FROM scott.emp AS OF SCN 617244 WHERE empno＝
7844；
```

注意：事实上，Oracle 在内部都是使用 SCN 的，即使指定的是 AS OF TIMESTAMP，Oracle 也会将其转换成 SCN。系统时间与 SCN 之间的对应关系可以通过查询 SYS 模式下的 SMON_SCN_TIME 表获得。

```
SELECT scn,TO_CHAR(time_dp,'YYYY－MM－DD HH24：MI：SS') time_dp
FROM sys.smon_scn_time；
```

（二）闪回表（Flashback Table）

闪回表是将表恢复到过去的某个时间点的状态，为 DBA 提供了一种在线、快速、便捷地恢复对表进行的修改、删除、插入等错误的操作。

与闪回查询不同，闪回查询只是得到表在过去某个时间点上的快照，并不改变表的当前状态，而闪回表则是将表及附属对象一起恢复到以前的某个时间点。

利用闪回表技术恢复表中数据的过程，实际上是对表进行 DML 操作的过程。Oracle 自动维护与表相关联的索引、触发器、约束等，不需要 DBA 参与。

为了使用数据库闪回表功能，必须满足下列条件：

● 用户具有 FLASHBACK ANY TABLE 系统权限，或者具有所操作表的 FLASHBACK 对象权限。

● 用户具有所操作表的 SELECT，INSERT，DELETE，ALTER 对象权限。

● 数据库采用撤销表空间进行回滚信息的自动管理，合理设置 UNDO_RETENTIOIN 参数值，保证指定的时间点或 SCN 对应信息保留在撤销表空间中。

● 启动被操作表的 ROW MOVEMENT 特性，可以采用下列方式进行：

```
ALTER TABLE table ENABLE ROW MOVEMENT；
SQL＞CONN scott/tiger
SQL＞SET TIME ON
09：14：01 SQL＞CREATE TABLE test(ID NUMBER PRIMARY KEY ,name CHAR(20))；
09：14：12 SQL＞INSERT INTO test VALUES(1,'ZHANG')；
09：14：24 SQL＞COMMIT；
09：14：32 SQL＞INSERT INTO test VALUES(2,'ZHAO')；
09：14：39 SQL＞COMMIT；
09：14：43 SQL＞INSERT INTO test VALUES(3,'WANG')；
```

```
09：14：49 SQL>COMMIT；
SQL>CONN system/XZyn1234
09：16：31 SQL>SELECT current_scn FROM v＄database；
SQL>CONN scott/tiger
09：16：50 SQL>UPDATE test SET name='LIU' WHERE id=1；
09：17：02 SQL>COMMIT；
09：17：05 SQL>SELECT ＊ FROM test；
09：17：13 SQL>DELETE FROM test WHERE id=3；
09：17：51 SQL>COMMIT；
09：18：02 SQL>SELECT ＊ FROM test；
启动 test 表的 ROW MOVEMENT 特性：
09：19：33 SQL>ALTER TABLE test ENABLE ROW MOVEMENT；
将 test 表恢复到 2012－3－24 09：17：51 时刻的状态：
09：20：06 SQL>FLASHBACK TABLE test TO TIMESTAMP TO_TIMESTAMP('2012－3－24
09：17：51','YYYY－MM－DD HH24：MI：SS')；
09：20：18 SQL>SELECT ＊ FROM test；
将 test 表恢复到 SCN 为 675371 的状态：
09：20：25 SQL>FLASHBACK TABLE test TO SCN 675371；
09：20：50 SQL>SELECT ＊ FROM test；
```

（三）闪回删除（Flashback Drop）

闪回删除可恢复使用 DROP TABLE 语句删除的表,是一种对意外删除的表的恢复机制。

闪回删除功能的实现主要是通过 Oracle 数据库中的"回收站"（Recycle Bin）技术实现的。

当执行 DROP TABLE 操作时,并不立即回收表及其关联对象的空间,而是将它们重命名后放入一个称为"回收站"的逻辑容器中保存,直到用户决定永久删除它们或存储该表的表空间存储空间不足时,表才真正被删除。为了使用闪回删除技术,必须开启数据库的"回收站"。

（1）启动回收站功能：

要使用闪回删除功能,需要启动数据库的"回收站",即将参数 RECYCLEBIN 设置为 ON。在默认情况下"回收站"已启动。

```
SQL>SHOW PARAMETER RECYCLEBIN
SQL>ALTER SYSTEM SET RECYCLEBIN=ON；
```

（2）查看回收站中的信息：

当执行 DROP TABLE 操作时,表及其关联对象被命名后保存在"回收站"中,可以通过查询 USER_RECYCLEBIN 视图获得被删除的表及其关联对象信息。

```
SQL>DROP TABLE test；
SQL>SELECT OBJECT_NAME,ORIGINAL_NAME,TYPE FROM USER_RECYCLEBIN；
```

（3）闪回删除操作：

```
SQL>FLASHBACK TABLE test TO BEFORE DROP RENAME TO new_test;
```

（4）清除回收站：

由于被删除表及其关联对象的信息保存在"回收站"中，其存储空间并没有释放，因此需要定期清空"回收站"，或清除"回收站"中没用的对象（表、索引、表空间），释放其所占的磁盘空间。

清除回收站语法为：

```
PURGE [TABLE table | INDEX index] | [RECYCLEBIN | DBA_RECYCLEBIN] | [TABLESPACE
tablespace[USER user]]
```

例如：

```
SQL>PURGE INDEX "BIN$i+nXRT6iTp6Gb3zoP/R5Fw==$0";
SQL>PURSE TABLE TEST;
SQL>PURGE RECYCLEBIN;
```

利用 SQL Developer 的回收站闪回删除功能：如图 15-1 所示。

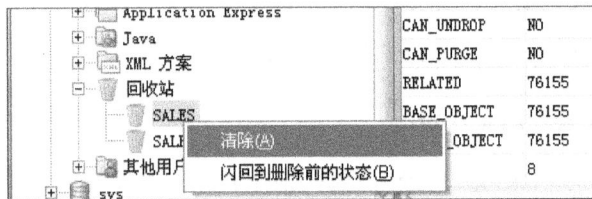

图 15-1　SQL Developer 的回收站闪回删除界面

（四）闪回数据库（Flashback Database）

闪回数据库技术是将数据库快速恢复到过去的某个时间点或 SCN 值时的状态，以解决由于用户错误操作或逻辑数据损坏引起的问题。

闪回数据库操作不需要使用备份重建数据文件，而只需要应用闪回日志文件和归档日志文件。

为了使用数据库闪回技术，需要预先设置数据库的闪回恢复区和闪回日志保留时间。闪回恢复区用于保存数据库运行过程中产生的闪回日志文件，而闪回日志保留时间是指闪回恢复区中的闪回日志文件保留的时间，即数据库可以恢复到过去的最大时间。

闪回数据库功能需要满足的条件：

① 数据库必须处于归档模式（ARCHIVELOG）。

② 数据库设置了闪回恢复区；可以通过参数查询数据闪回恢复区及其空间大小。

```
SHOW PARAMETER DB_RECOVERY_FILE
```

③ 数据库启用了 FLASHBACK 特性。

● 为了使用闪回数据库，还需要启动数据库的 FLASHBACK 特性，生成闪回日志文件。在默认情况下，数据库的 FLASHBACK 特性是关闭的。

```
SELECT flashback_on FROM v＄database；
```

● 在数据库处于 MOUNT 状态时执行 ALTER DATABAE FLASHBACK ON 命令,启动数据库的 FLASHBACK 特性。

● 可以在数据库处于 MOUNT 状态时执行 ALTER DATABAE FLASHBACK OFF 命令,关闭数据库的 FLASHBACK 特性。

● 需要通过参数 DB_FLASHBACK_RETENTION_TARGET 设置闪回日志保留时间,该参数默认值为 1440 分钟,即一天。

```
SQL＞SHUTDOWN IMMEDIATE
SQL＞STARTUP MOUNT
SQL＞ALTER DATABASE FLASHBACK ON；
SQL＞ALTER DATABASE OPEN；
SQL＞ALTER SYSTEM SET DB_FLASHBACK_RETENTION_TARGET＝2880；
```

(1) 查询数据库系统当前时间和当前 SCN。

```
SQL＞SELECT SYSDATE FROM DUAL；
SQL＞SELECT CURRENT_SCN FROM V＄DATABASE；
```

(2) 改变数据库的当前状态。

```
SQL＞SET TIME ON
12：37：38 SQL＞CREATE TABLE test_flashback(ID NUMBER,NAME CHAR(20))；
12：37：45 SQL＞INSERT INTO test_flashback VALUES(1,'DATABASE')；
12：37：52 SQL＞COMMIT；
```

(3) 进行闪回数据库恢复,将数据库恢复到创建表之前的状态。

```
12：37：56 SQL＞SHUTDOWN IMMEDIATE
12：38：49 SQL＞STARTUP MOUNT EXCLUSIVE
12：43：42 SQL＞FLASHBACK DATABASE TO TIMESTAMP(TO_TIMESTAMP('2012‐3‐25
11：00：00','YYYY‐MM‐DD HH24：MI：SS'))；
12：44：38 SQL＞ALTER DATABASE OPEN RESETLOGS；
```

(4) 验证数据库的状态(test_flashback 表应该不存在)。

```
12：44：58 SQL＞SELECT ＊ FROM test_flashback；
```

三、上机作业

在 SCOTT 用户下创建 excrise 表,有 sno,数据类型为 number,主键;sname,数据类型为 char(20)。用 insert 语句插入三行数据,删除 excrise 表。

1. 利用闪回表技术,将 exercise 表恢复到删除操作之前的状态,删除 excrise 表。

2. 再利用闪回删除技术,将 exercise 表恢复到删除操作之前的状态,删除 excrise 表。

3. 再利用闪回数据库技术,将 exercise 表恢复到删除操作之前的状态。

实验十六　VB 与 Oracle 数据库的连接

一、实验目的

1. 掌握 VB 与 Oracle 数据库连接的方法；
2. 掌握 ADO 控件的使用；
3. 掌握 ADO 常用对象的使用。

二、实验内容

ADO(ActiveX Data Object)，ADO 是面向对象的 OLE DB，它继承了 OLE DB 技术的优点，并且 ADO 对 OLE DB 接口作了封装，定义了 ADO 对象，使应用程序的开发得到简化，ADO 技术属于数据库访问的高层接口。ADO 是一种高层数据访问接口，具有面向对象的特点。使用 ADO 访问数据库，包括 SQL SERVER、Access、Oracle 等。

（一）通过 ADO 控件实现 VB 与 Oracle 数据库的连接

（1）新建"标准 EXE"工程。

图 16 - 1　新建"标准 EXE"工程

（2）添加 Microsoft ADO Data Control 6.0 和 Microsoft Datagrid Control 6.0 控件。

点击菜单栏里面的"工程/部件按钮"，出现如图 16 - 2 所示的添加部件的界面，选中如图所示的选项，点击"确定"按钮。

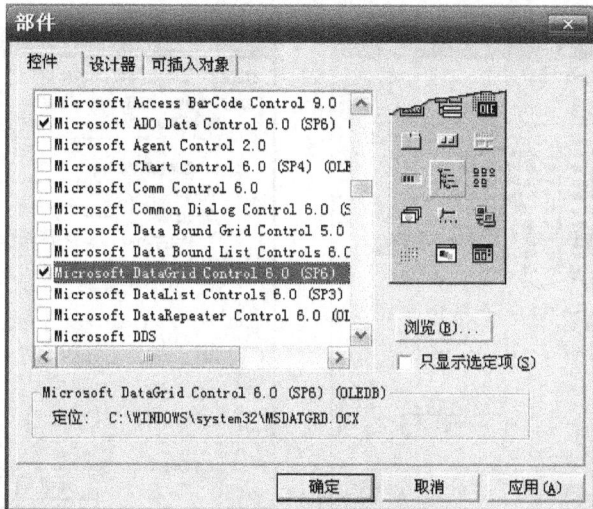

图 16 - 2　添加部件的界面

VB 开发窗口右边的工具箱面板上会出现此控件的图形标志,如图:

(3) 把它们放到窗体 Form1 上,默认名称为 ADODC1 和 Datagrid1。如图 16 - 3 所示。

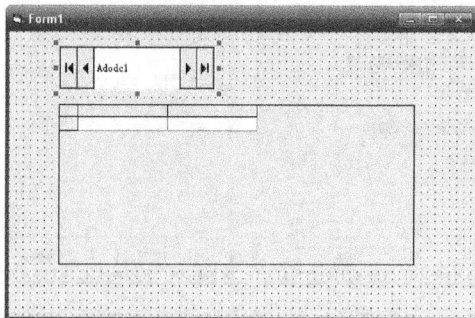

图 16 - 3　在 Form 窗体上添加控件

(4) 修改控件 ADODC1 的属性。如图 16 - 4 到 16 - 7 所示。

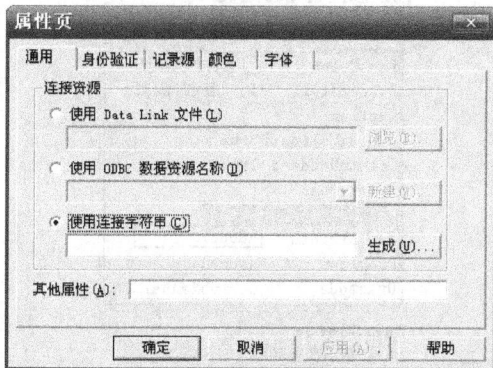

图 16 - 4　修改控件 ADODC1 的"通用"属性页

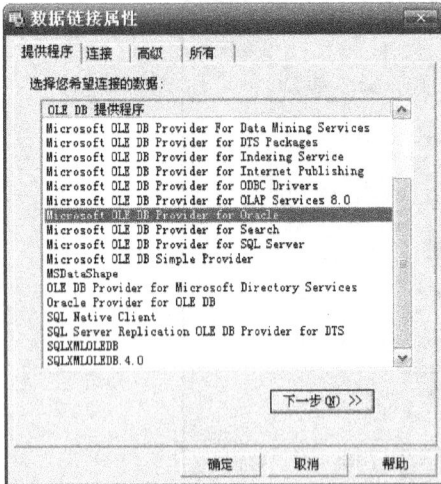

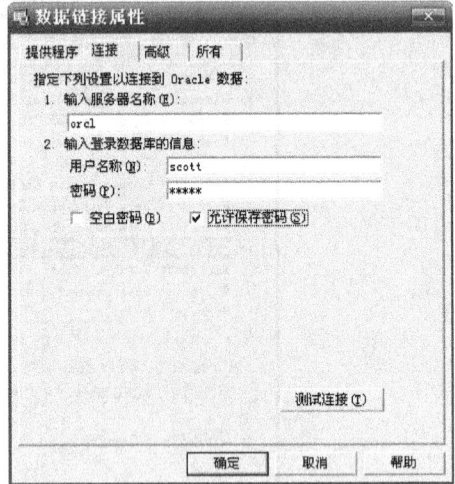

图 16-5 数据链接属性"提供程序"选项卡　　　图 16-6 数据链接属性"连接"选项卡

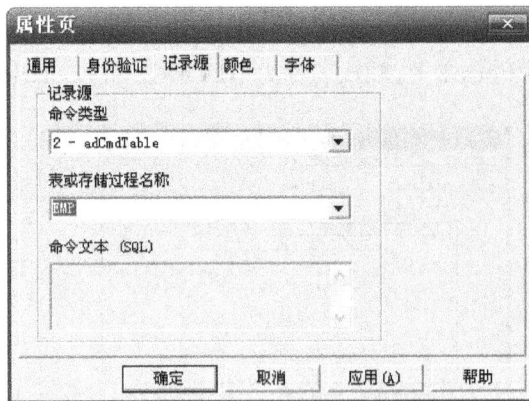

图 16-7 修改控件 ADODC1 的"记录源"属性页

(5) 修改控件 Datagrid1 的 DataSource 属性为 Adodc1。如图 16-8 所示。

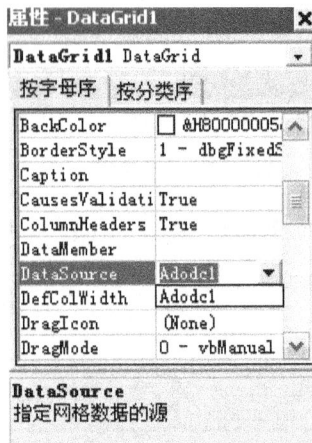

图 16-8 修改控件 Datagrid1 的 DataSource 属性

（6）运行含有 ADO 控件的程序。

编译并运行上述工程,其运行界面如图 16-9 所示。在该程序的创建工程中,没有编写一行代码,但该程序已经有浏览、增加、修改与删除记录的功能。

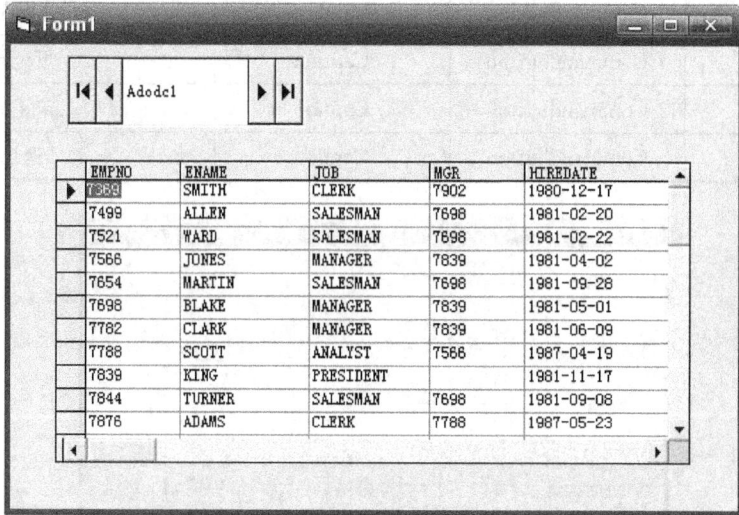

图 16-9　运行界面

（二）通过 ADO 对象实现 VB 与 Oracle 数据库的连接

表 16-1　ADO 常用对象

对　　象	说　　明
Command	Command 对象定义了将对数据源执行的指定命令
Connection	代表打开的、与数据源的连接
Error	包含与单个操作(涉及提供者)有关的数据访问错误的详细信息
Field	代表使用普通数据类型的数据的列
Parameter	参数化查询或存储过程的 Command 对象相关联的参数或自变量
Property	代表由提供者定义的 ADO 对象的动态特性
RecordSet	代表来自基本表或命令执行结果的记录的全集

（1）新建“标准 EXE”工程。设置窗体上控件的属性,如表 16-2 和图 16-10 所示:

表 16-2　控件的属性表

控件名称	类型	主要属性	属性值
From	窗体	名称	From1
Label1—4	Label	Caption	雇员号、姓名…
Text1—4	Textbox	Text	为空

续　表

控件名称	类型	主要属性	属性值
Command1	Commandbutton	Caption	首记录
Command2	Commandbutton	Caption	上记录
Command3	Commandbutton	Caption	下记录
Command4	Commandbutton	Caption	末记录
Command5	Commandbutton	Caption	退出

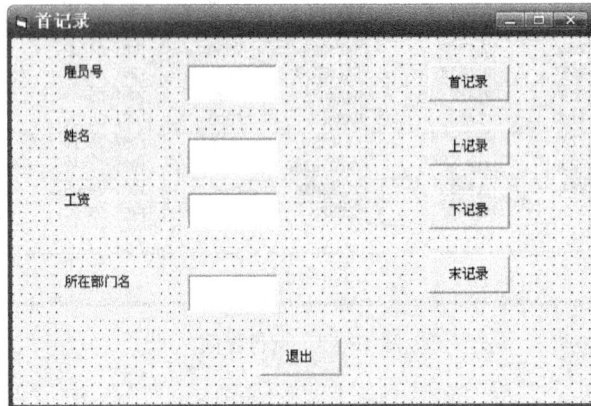

图 16 - 10　添加了控件的窗体

(2) 设置窗体的 VB 代码如下:

```
Option Explicit
Dim RS As New ADODB. Recordset        '定义 RS 为 ADODC 对象的记录集
Private conn As ADODB. Connection     '定义 conn 为 ADODC 对象的连接
Private Sub Command1_Click()
    RS. MoveFirst
    RS. Update
End Sub

Private Sub Command2_Click()
    RS. MovePrevious
    If RS. BOF Then
        RS. MoveFirst
        RS. Update
    End If
End Sub

Private Sub Command3_Click()
    RS. MoveNext
    If RS. EOF Then
```

```
            RS. MoveLast
            RS. Update
        End If
    End Sub


    Private Sub Command4_Click()
        RS. MoveLast
        RS. Update
    End Sub


    Private Sub Command5_Click()
        conn. Close
        Set conn = Nothing
        Unload Me
    End Sub


    Private Sub Form_Load()
        Dim connStr As String          '定义 connStr 为连接字符串
        Dim Cmd As New ADODB. Command      '定义 Cmd 为 ADODC 命令字符串
        Set conn = New ADODB. Connection
        connStr = " Provider = MSDAORA. 1; Password = tiger; User ID = scott; Data Source = orcl;
Persist Security Info=True"
        conn. ConnectionString = connStr     '按照 connStr 的内容连接数据库
        conn. Open
        With Cmd
            . ActiveConnection = conn
            . CommandType = adCmdText
            . CommandText = "select empno, ename, sal, dname from emp, dept where emp. deptno=dept.
deptno"
        End With
        With RS
            . CursorLocation = adUseClient
            . CursorType = adOpenStatic
            . LockType = adLockPessimistic
            . Open Cmd
        End With
        Set Text1. DataSource = RS          '定义 4 个文本框数据源为 RS
        Set Text2. DataSource = RS
        Set Text3. DataSource = RS
        Set Text4. DataSource = RS
        Text1. DataField = "empno"          '定义 4 个文本框显示的字段
        Text2. DataField = "ename"
```

```
        Text3. DataField = "sal"
        Text4. DataField = "dname"
    End Sub
```

(3) 点击"运行",运行结果如图 16 - 11 所示。

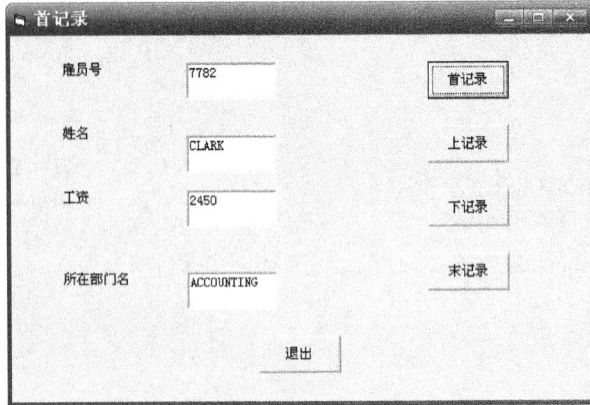

图 16 - 11   运行界面

实验十七　VC++ 与 Oracle 数据库的连接

一、实验目的

1. 掌握 VC++ 与 Oracle 数据库的连接；
2. 掌握 VC++ 中 ADO 控件的使用。

二、实验内容

Visual C++ 6.0 中提供了 MFC 类、模板类亦即 AppWizard、ClassWizard 等一系列的 Wizard(向导)用于产生应用程序，这些特点简化了应用程序的设计。使用这些技术，甚至可以使开发者无须进行编程就可以开发出一个完整的数据库应用程序。

为了解决 ODBC 开发的数据库应用中访问数据库速度慢的问题，Visual C++ 6.0 中引入了新的访问技术——OLE DB 和 ADO。OLE DB 和 ADO 都是基于 COM 接口的技术，使用这些技术可以避免使用 ODBC 访问数据库的瓶颈，而直接对数据库的驱动程序进行访问，这大大提高了访问速度。VC++ 中提供的数据库访问技术：ODBC API、MFC ODBC、DAO、OLE DB、ADO。

采用 ADO 控件来访问数据库，极大地简化了数据库应用程序的开发，用户只需写相对较少的代码，甚至不写一行代码，就可以实现对数据库的访问。但是该方法的效率比较低，用户对程序的控制比较弱，不能完全发挥 ADO 访问数据库的优良特性。

（一）新建工程框架

新建工程框架，用 AppWizard 向导创建一个基于对话框的应用程序，该工程的名称为 "MyADO"。如图 17-1、17-2 所示。

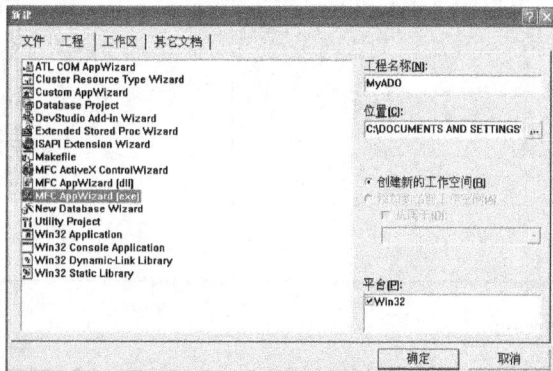

图 17-1　创建工程框架

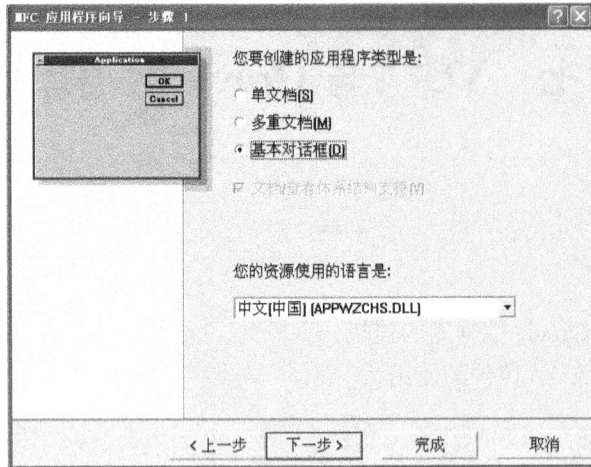

图 17-2　MFC 应用程序向导

单击"下一个"按钮,其他步骤采取默认选项,完成工程的创建。

(二)在工程中插入 ADO Data 控件和 Data Grid 控件

在工程中插入 ADO 控件,ADO 控件包括两个:一个是 ADO Data 控件,用于操纵数据,另一个是 ADO DataGrid 控件,用于显示数据。由于 ADO 控件是 ActiveX 控件,而不是 VC 的控件,它们都不像编辑框、列表框控件那样在 Control 工具栏中。如果要使用 ActiveX 控件,在使用之前必须将它们添加到工程中。

打开对话框资源"IDD_MYADO_DIALOG",删除默认的静态文本控件,在对话框窗口上单击鼠标右键,在弹出式菜单中选择"Insert ActiveX Control",在弹出对话框中选择"Microsoft ADO Data Control, Version 6.0"选项。单击"OK"按钮,则在对话框窗体上插入了 ADO Data 控件,如图所示。用同样的方法,在选择"Microsoft DataGrid Control, Version 6.0"选项。单击"OK"按钮,则完成了插入 DataGrid 控件的操作,如图 17-3、17-4 和 17-5 所示。

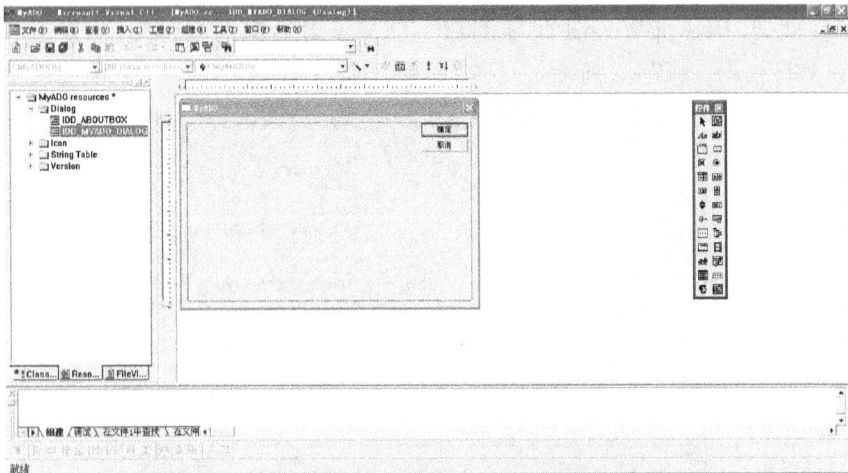

图 17-3　打开对话框资源"IDD_MYADO_DIALOG"

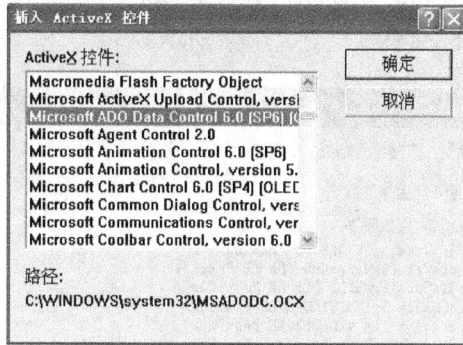

图 17－4　插入 ActiveX 控件

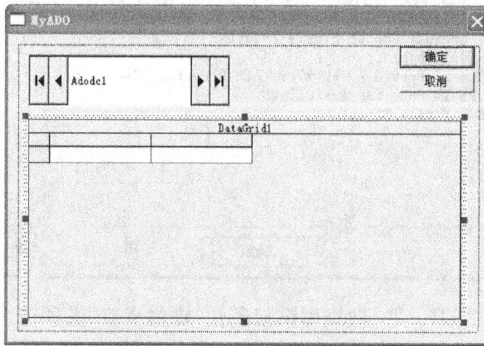

图 17－5　在窗体上插入了 ADO Data 和 DataGrid 控件

（三）设置 ADO Data 控件属性

ADO 控件的属性设置，按鼠标右键，在弹出式菜单中选择"属性"，就会弹出属性对话框，在属性对话框中对相应属性进行设置。

打开 ADO Data 控件属性对话框，选择"通用"选项卡。在该对话框中，先选择"使用连接字符串"，然后单击"生成"按钮，弹出对话框，如图 17－6 所示。

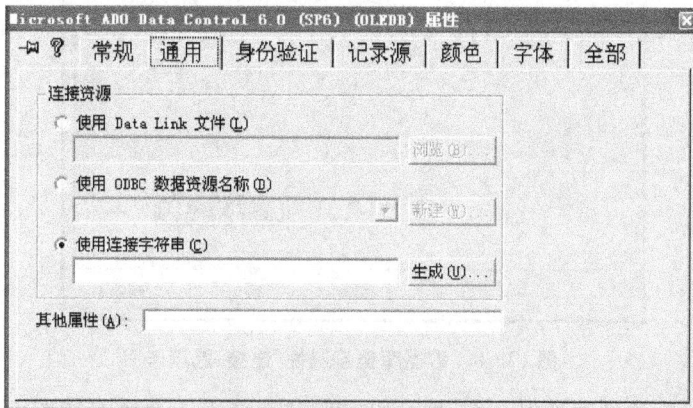

图 17－6　"通用"选项卡

在对话框中,选择"Microsoft OLE DB Provider for Oracle"列表项,然后单击"下一步"按钮,弹出选择数据库的对话框,如图 17 - 7、17 - 8 所示。

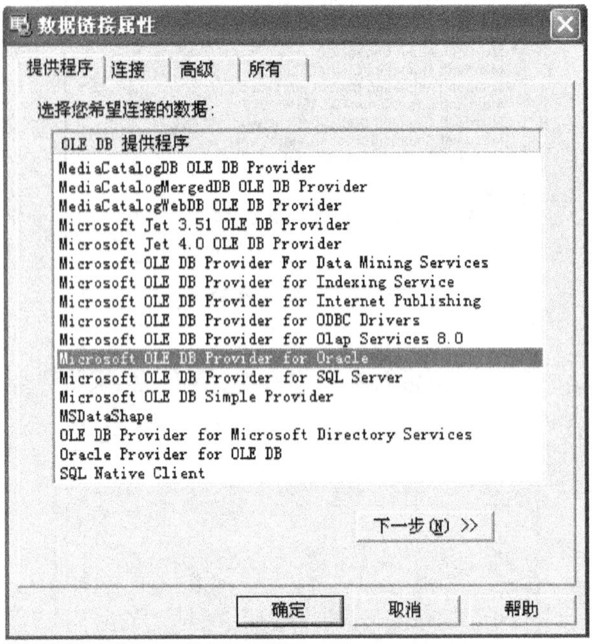

图 17 - 7　数据库链接属性"提供程序"选项卡

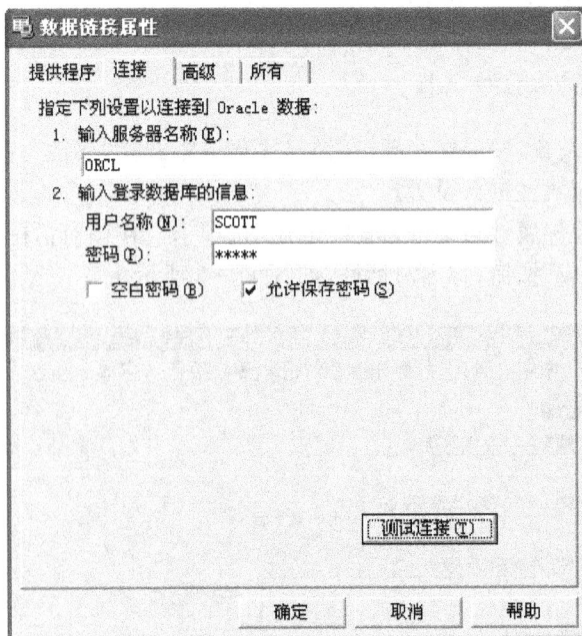

图 17 - 8　数据库链接属性"连接"选项卡

打开 ADO Data 控件属性对话框,选择"记录源"选项卡。在该对话框中,先选择"命令类型"为"2 - adCmdTable",如图 17 - 9 所示。在"表或存储过程名称"组合框中选择表"EMP"。

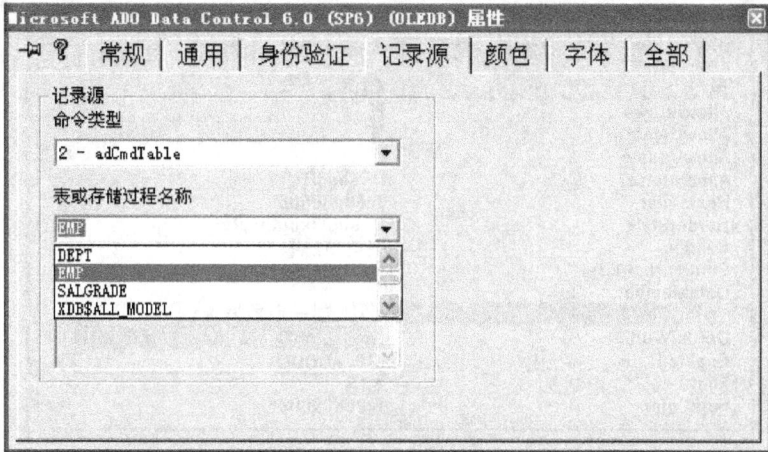

图 17 - 9　"记录源"选项卡

(四) 设置 ADO DataGrid 控件的属性

用鼠标选中 ADO DataGrid 控件,然后按鼠标右键,在弹出式菜单中选择"Properties"后,就会弹出属性对话框,在其中对该控件的属性进行设置。

打开 ADO DataGrid 控件的属性对话框,选择"通用"选项卡,如图 17 - 10 所示。在该对话框中,选中"Allow AddNew"和"Allow Delete"复选框。

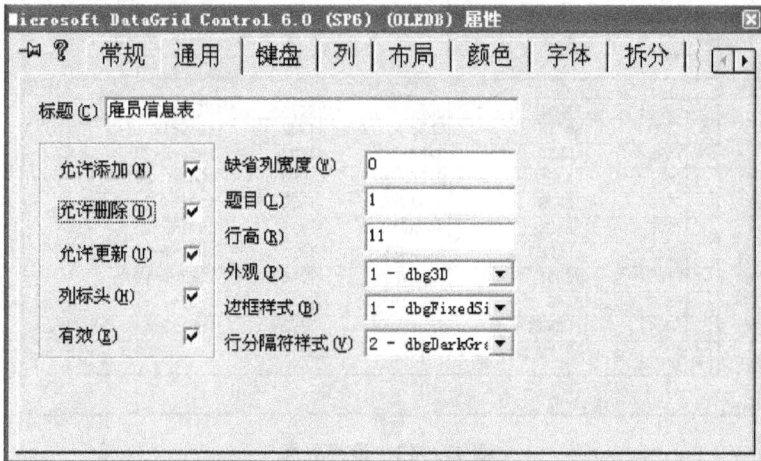

图 17 - 10　"通用"选项卡

再选择"全部"选项卡,弹出如图所示的对话框。在该对话框中,单击"Data Source "列表项右边的下拉列表按钮。从下拉的列表中选择 ADO Data 控件的 ID(IDC_ADODC1)。然后关闭属性对话框。如图 17 - 11 所示。

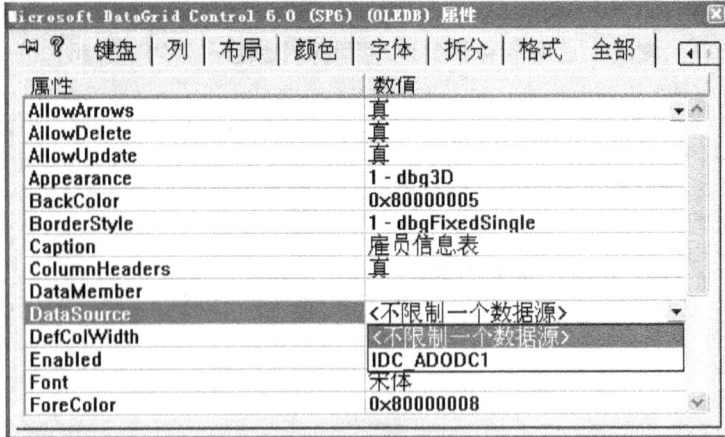

图 17 - 11 "全部"选项卡

（五）运行含有 ADO 控件的程序

编译并运行上述工程,其运行界面如图 17 - 12 所示。在该程序的创建工程中,没有编写一行代码,但该程序已经有浏览、增加、修改与删除记录的功能。

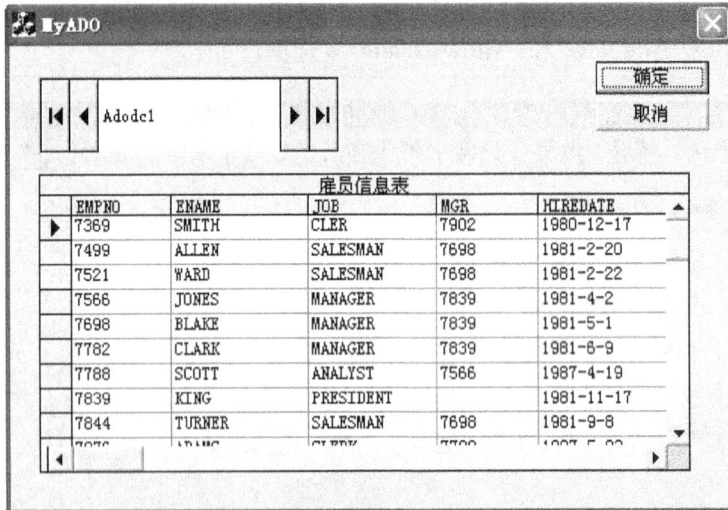

图 17 - 12 运行界面

实验十八 综合实验1:学生信息管理系统(ODBC)

一、实验目的

1. 掌握利用 ODBC 技术,实现 VC++ 与 Oracle 数据库的连接。
2. 掌握开发 Oracle 数据库应用程序的技术,巩固对 Oracle 数据库基本原理和基础理论的理解。

二、实验内容

(一)在 Oracle 中,创建 student 表,结构如表 18-1 所示

表 18-1 student 表结构

列名	数据类型	非空	说明
SNO	Varchar2(10)	√	学号,主键
SNAME	Varchar2(10)	√	姓名
SSEX	Char(2)		性别
AGE	Number(2)		年龄

(二)创建连接 Oracle 的数据源:如图 18-1、18-2、18-3 所示

图 18-1 创建新数据源

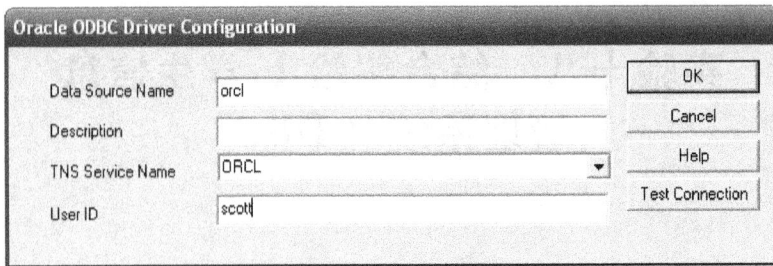

图 18 - 2 配置数据源

图 18 - 3 ODBC 数据源管理器

(三) 新建工程框架

新建工程框架,用 AppWizard 向导创建一个基于对话框的应用程序,该工程的名称为
"MyADO"。如图 18 - 4、18 - 5、18 - 6、18 - 7、18 - 8 所示。

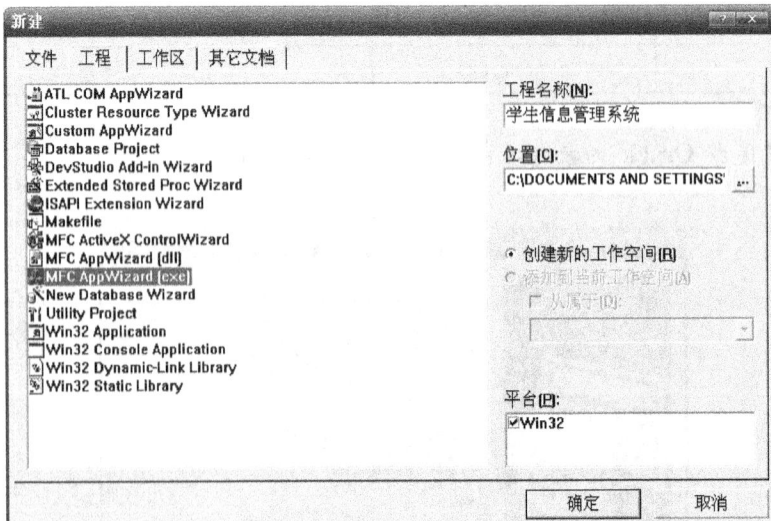

图 18 - 4 创建工程框架

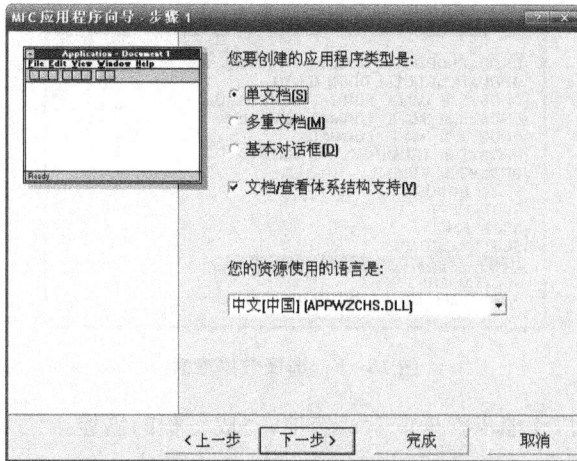

图 18 - 5　MFC 应用程序向导步骤 1

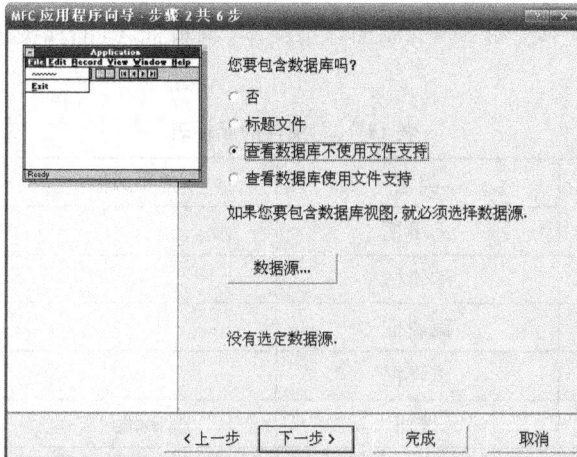

图 18 - 6　MFC 应用程序向导步骤 2

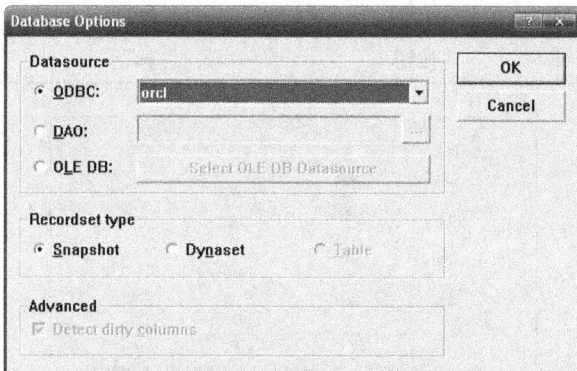

图 18 - 7　选择 ODBC 数据源

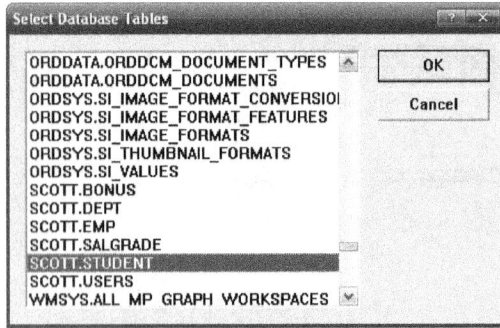

图 18-8 选择数据库表

单击"下一步"按钮,其他步骤采取默认选项,完成工程的创建。

（四）设计主页面

打开资源视图的对话框中的"IDD_MY_FORM",删除文本"TODO:在这个对话框里设置表格控制",在对话框中按图 18-9 添加静态文本、编辑框、组框和按钮控件,控件属性如表 18-2 所示。

表 18-2 控件的属性表

控件 ID	类型	主要属性	属性值
IDC_EDIT_XH	编辑框		对应"学号"
IDC_EDIT_XM	编辑框		对应"姓名"
IDC_EDIT_XB	编辑框		对应"性别"
IDC_EDIT_NL	编辑框		对应"年龄"
IDC_BUTTON_Add	按钮	标题	添加
IDC_BUTTON_EDit	按钮	标题	修改
IDC_BUTTON_Del	按钮	标题	删除
IDC_BUTTON_Cx	按钮	标题	查询
IDC_BUTTON_Px	按钮	标题	排序

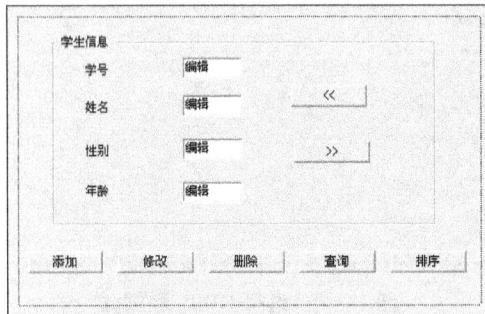

图 18-9 主界面的设计

　　为每个编辑框控件绑定数据源字段：选定一个编辑框控件，右键 →建立类向导→Member Variables。为编辑框控件映射记录集字段数据成员，单击"Add Variable"，弹出"Add Member Variable"对话框，在下拉框中选择由 m_pSet 指针所指向的记录集字段数据成员。如图 18-10、18-11、18-12 所示。

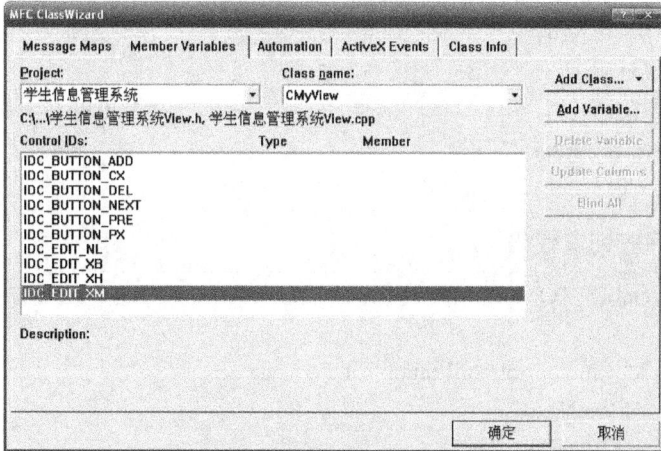

图 18-10　MFC 类向导

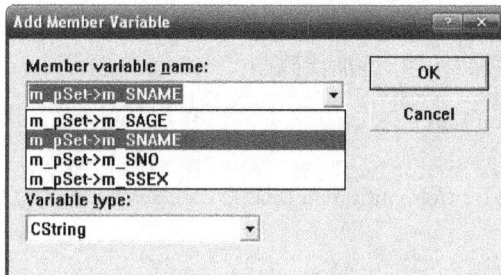

图 18-11　添加成员变量

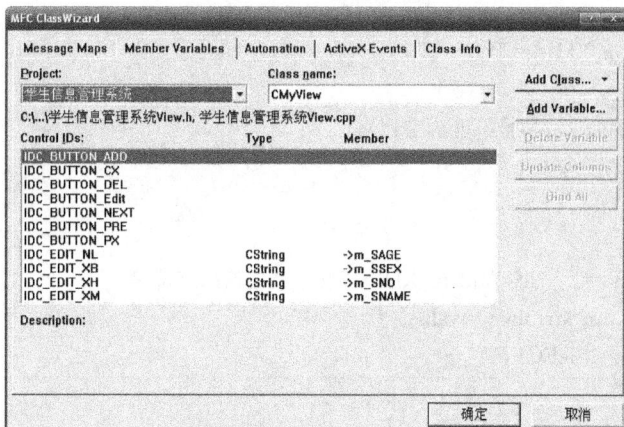

图 18-12　添加好成员变量

现在为上面的功能键,添加代码:

(1) "<<"向前查询键代码

```
void CMyView::OnBUTTONpre()
{
    // TODO: Add your control notification handler code here
    m_pSet->MovePrev();
    UpdateData(FALSE);
    if(m_pSet->IsBOF())
    m_pSet->MoveFirst();
}
```

(2) ">>"向后查询键代码

```
void CMyView::OnBUTTONNext()
{
    // TODO: Add your control notification handler code here
    m_pSet->MoveNext();
    UpdateData(FALSE);
    if(m_pSet->IsEOF())      //如果为最后一条记录
        m_pSet->MoveLast();
}
```

(3) 双击主界面的"添加"按钮,添加代码

```
void CMyView::OnButtonAdd()
{
    // TODO: Add your control notification handler code here
    CDlgADD DlgAdd;
    CString value;

    if(DlgAdd.DoModal()==IDOK)
    {
        if(DlgAdd.m_XH=="")
        {
            MessageBox("学号不能为空!");
            return;
        }

        value="sno="+ DlgAdd.m_XH +"";//定义筛选字符串
        m_pSet->m_strFilter =value;
        if(m_pSet->IsEOF())
```

```
        {
            m_pSet->AddNew();　　//进入添加模式
            m_pSet->m_SNO=DlgAdd. m_XH;
            m_pSet->m_SNAME=DlgAdd. m_XM;
            m_pSet->m_SSEX=DlgAdd. m_XB;
            m_pSet->m_SAGE=DlgAdd. m_NL;
            m_pSet->Update();//将记录集更新保存到表中
            m_pSet->Requery();//重新查询记录集
            m_pSet->MoveNext();//移动下一条记录
            MessageBox("添加记录成功!");
            UpdateData(FALSE);//用新记录的字段数据成员值更新控件显示
        }
        else
            MessageBox("有重复的学号记录,不能添加!");
    }
}
```

注意：此时需要在"学生信息管理系统 View. cpp"中,添加头文件"♯include "DlgADD. h""

（4）双击主界面的"修改"按钮,添加代码

```
void CMyView：：OnButtonEdit()
{
    // TODO：Add your control notification handler code here
    CDlgADD DlgAdd；
    DlgAdd. m_XH=m_pSet->m_SNO;
    DlgAdd. m_XM=m_pSet->m_SNAME;
    DlgAdd. m_XB=m_pSet->m_SSEX;
    DlgAdd. m_NL=m_pSet->m_SAGE;
    if(DlgAdd. DoModal()==IDOK)
    {
        m_pSet->Edit();　　//进入修改模式
        m_pSet->m_SNO=DlgAdd. m_XH;
        m_pSet->m_SNAME=DlgAdd. m_XM;
        m_pSet->m_SSEX=DlgAdd. m_XB;
        m_pSet->m_SAGE=DlgAdd. m_NL;
        m_pSet->Update();//将记录集更新保存到表中
        m_pSet->Requery();//重新查询记录集
        m_pSet->MoveNext();//移动下一条记录
        MessageBox("修改记录成功!");
        UpdateData(FALSE);//用新记录的字段数据成员值更新控件显示
    }
}
```

（5）双击主界面的"删除"按钮，添加代码

```
void CMyView::OnButtonDel()
{
// TODO: Add your control notification handler code here
if(MessageBox("真的要删除此记录吗?","删除记录?",MB_YESNO|MB_ICONQUESTION)==
IDYES)
{
    m_pSet->Delete(); //删除当前记录
    m_pSet->MoveNext();//移到下一记录
    if(m_pSet->IsEOF())//删除记录为最后一条记录处理
      m_pSet->MoveLast();
    if(m_pSet->IsBOF())//删空记录集处理
      m_pSet->SetFieldNull(NULL);
    MessageBox("删除记录成功!");
    UpdateData(FALSE);
  }
}
```

（6）双击主界面的"查询"按钮，添加代码

```
void CMyView::OnButtonCx()
{
    // TODO: Add your control notification handler code here
    CDlgQuery Dlgquery;
    CString value;
    m_query. TrimLeft();
    if(Dlgquery. DoModal()==IDOK) //调用筛选对话框,按OK按钮返回
    {
        if(m_pSet->IsOpen())
                m_pSet->Close();
        if(Dlgquery. m_query. IsEmpty())
        {
            MessageBox("要查询的学号不能为空!");
            return;
        }
        value="sno="+Dlgquery. m_query +"";//定义筛选字符串
        m_pSet->m_strFilter =value;
        m_pSet->Open();
        if(m_pSet->IsEOF())
            MessageBox("没有查到你要找的学号记录!");
        m_pSet->Requery ();
```

```
        UpdateData(FALSE);
    }

}
```

注意:在这个代码文件头包含头文件"♯include "DlgQuery.h"":

(7) 双击主界面的"排序"按钮,添加代码

```
void CMyView::OnButtonPx()
{
    // TODO:Add your control notification handler code here
    m_pSet->m_strSort="sno";
    m_pSet->Requery();
    UpdateData(FALSE);
}
```

(8) 增加新的对话框和创建新类

在添加或修改信息时,需要一个对话框。增加对话框的方法:VC 主菜单,"插入"→"资源"→"对话框(Dialog)类型"。如图 18-13 所示。

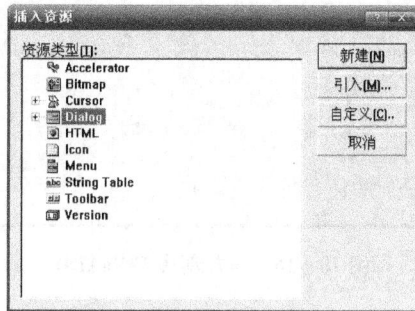

图 18-13　插入资源

设置对话框的标题为"添加信息",并在对话框中插入 1 个组框、4 个静态文本和编辑框、2 个按钮。如图 18-14 所示。

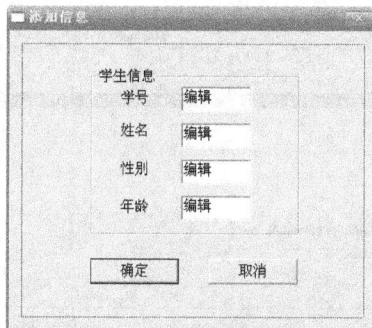

图 18-14　"添加信息"界面

为新对话框创建新类 CDlgADD。如图 18－15、18－16 所示。

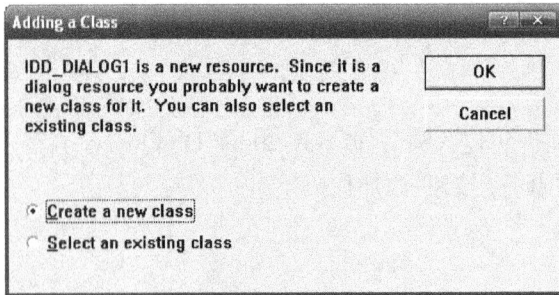

图 18－15　增加新类

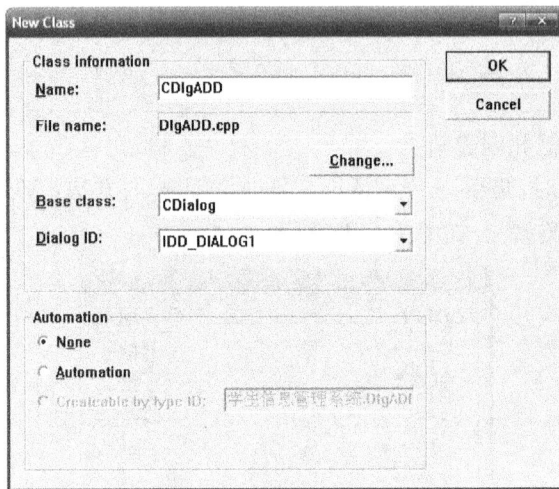

图 18－16　添加新类 CDlgADD

为 4 个编辑框绑定成员变量(自己输入)。

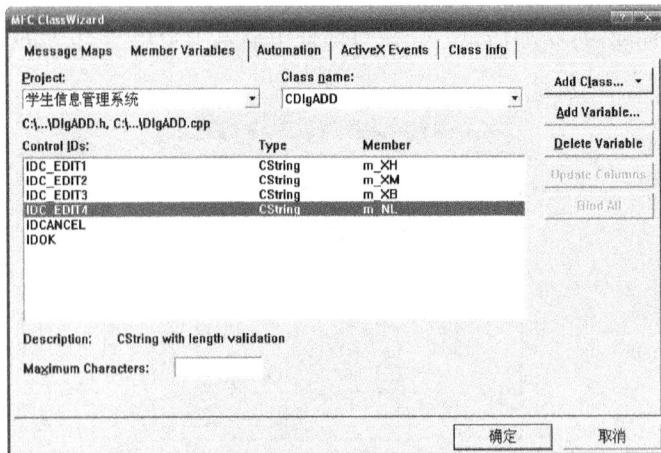

图 18－17　设置成员变量

同理,添加"查询"的对话框、添加新类 CDlgQuery、设置成员变量。如图 18-18、18-19、18-20 所示。

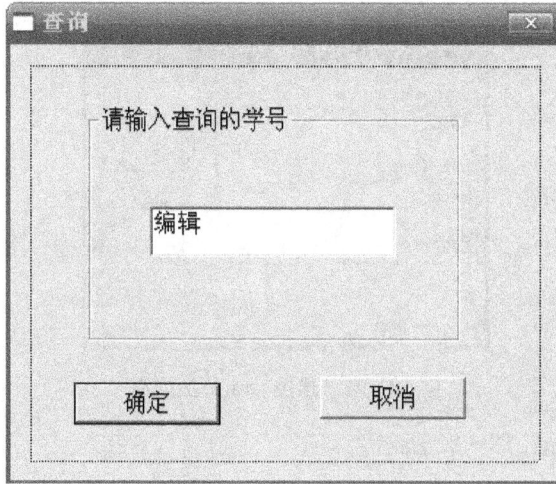

图 18-18　"查询"界面

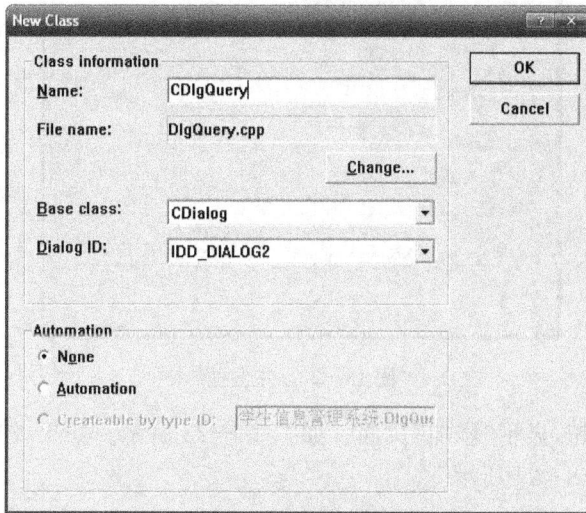

图 18-19　添加新类 CDlgQuery

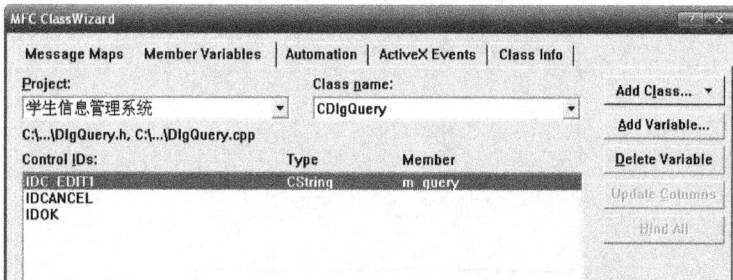

图 18-20　设置成员变量

(9) 完成以上的操作后,编译并运行

① 连接 Oracle 数据库,输入密码。如图 18 - 21 所示。

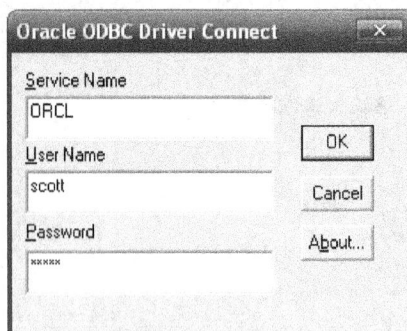

图 18 - 21　连接 Oracle 数据库

② 显示主界面。如图 18 - 22 所示。

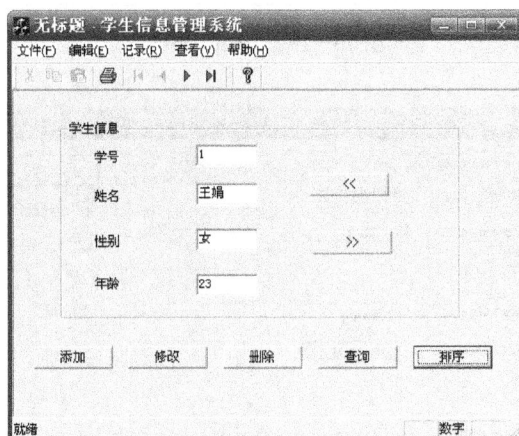

图 18 - 22　主界面

③ 单击"添加"按钮,显示"添加"页面。如图 18 - 23 所示。如果成功,显示"添加记录成功!"的消息框。如图 18 - 24 所示。

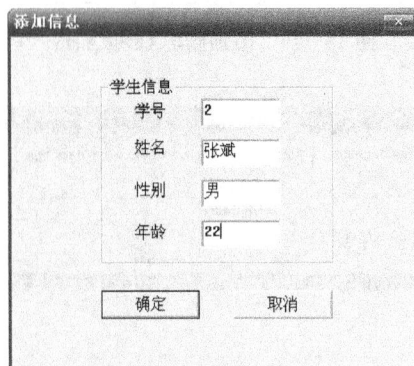

图 18 - 23　"添加"界面

图 18 - 24　添加记录成功

student 表的主键为学号,学号重复则不能插入。显示"有重复的学号记录,不能添加!"的消息框。如图 18 - 25 所示。

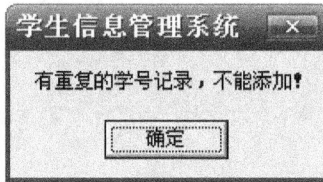

图 18 - 25　添加记录不成功

④ 单击"删除"按钮,显示"真的要删除此记录吗?"消息框,单击确定,删除该记录,显示"删除成功!"消息框。如图 18 - 26、18 - 27 所示。

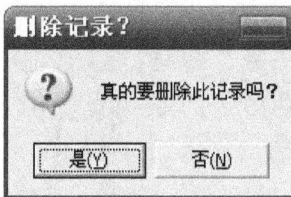

图 18 - 26　确认删除记录

图 18 - 27　删除成功

⑤ 单击"查询"按钮,显示"查询"页面,输入学号,单击"确定"按钮。如果能查到,则定位到主页面;如果查不到,显示"没有查到你要找的学号记录!"消息框。如图 18 - 28、18 - 29 所示。

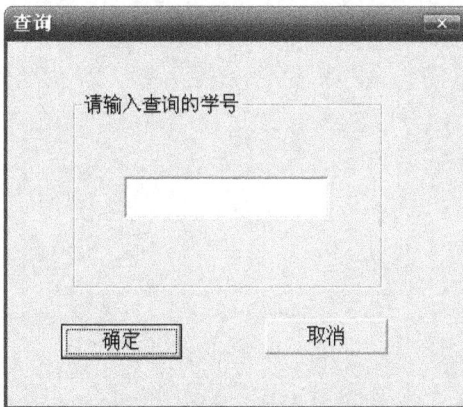

图 18 - 28　"查询"页面

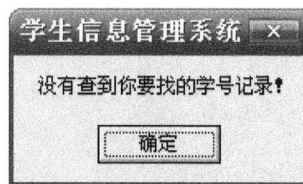

图 18 - 29　查询不到

三、上机作业

改进上述程序：

1. 把查询窗口放到主界面中去。
2. 要能实现按学号、姓名、性别和年龄的模糊查询。

实验十九　综合实验 2：学生信息管理系统（ADO）

一、实验目的

1. 掌握利用 ADO 技术，实现 VC^{++} 与 Oracle 数据库的连接；
2. 掌握开发 Oracle 数据库应用程序的技术。

二、实验内容

ADO（ActiveX Data Object）是 Microsoft 数据库应用程序开发的新接口，是建立在 OLE DB 之上的高层数据库访问技术，即使你对 OLE DB，COM 不了解也能轻松对付 ADO，因为它非常简单易用。

创建一个名为 ADO 的 MFC AppWizard（EXE）应用程序，应用程序为"基本对话框"。如图 19-1 所示。

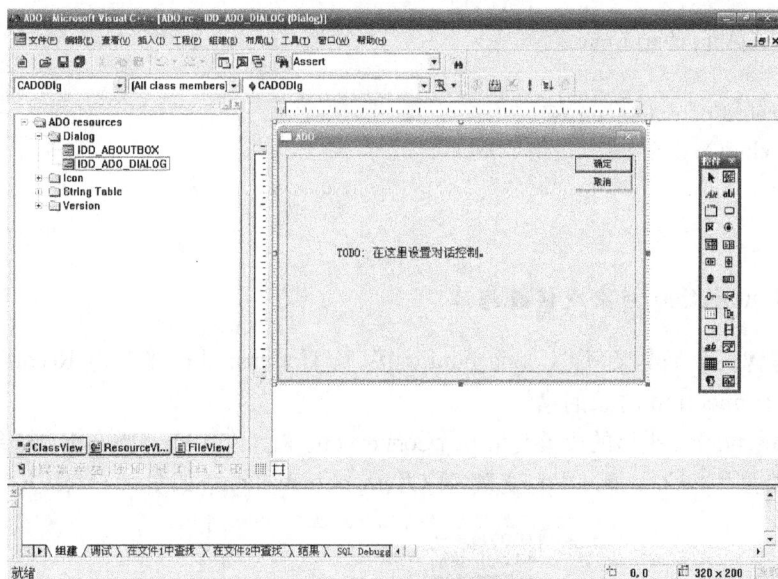

图 19-1　VC 设计界面

ADO 数据库开发的基本流程：

（一）用 #import 指令引入 ADO 类型库

在 stdafx. h 中加入如下语句，放到 stdafx. h 所有语句的最后面。

```
#import "C:\\Program Files\\Common Files\\System\\ADO\\msado15.dll" no_namespace rename("EOF", "adoEOF")。
```

这一语句有何作用呢？其最终作用同我们熟悉的#include 类似,编译的时候系统会为我们生成 msado15.tlh,ado15.tli 两个 C++ 头文件来定义 ADO 库。

这行语句声明在工程中使用 ADO,但不使用 ADO 的名字空间,并且为了避免常数冲突,将常数 EOF 改名为 adoEOF。现在不需添加另外的头文件,就可以使用 ADO 接口了。

说明:

① 如环境中 msado15.dll 不一定在这个目录下,请按实际情况修改;

② 在编译的时候可能会出现如下警告,对此微软在 MSDN 中作了说明,并建议不要理会这个警告。

```
msado15.tlh(407):warning C4146:unary minus operator applied to unsigned type, result still unsigned。
```

(二) 初始化 OLE/COM 库环境

必须注意的是,ADO 库是一组 COM 动态库,这意味应用程序在调用 ADO 前,必须初始化 OLE/COM 库环境。在 MFC 应用程序里,一个比较好的方法是在应用程序主类的 InitInstance成员函数里初始化 OLE/COM 库环境。

在文件 ADO.cpp 中,使用 AfxOleInit()来初始化 COM 库,这项工作通常在 InitInstance()的重载函数中完成,放到第一句的后面。

```
BOOL CADOApp::InitInstance()
{
    AfxEnableControlContainer();
    AfxOleInit();//这就是初始化 COM 库
    ………
}
```

(三) 用 Connection 对象连接数据库

ADO 库包含三个基本接口:_ConnectionPtr 接口、_CommandPtr 接口和_RecordsetPtr 接口。

(1) 定义 connection 对象的指针

添加_ConnectionPtr 类型的成员变量 m_pConnection。在 CADOApp 类右键,选择 Add Member Variable,变量类型为:_ConnectionPtr,变量名称为:m_pConnection。如图 19-2、19-3 所示。

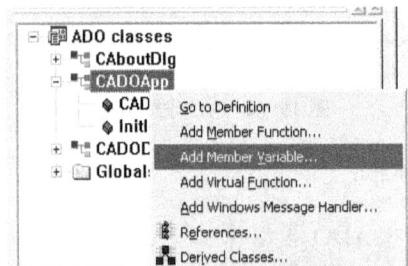

图 19-2　添加类成员变量

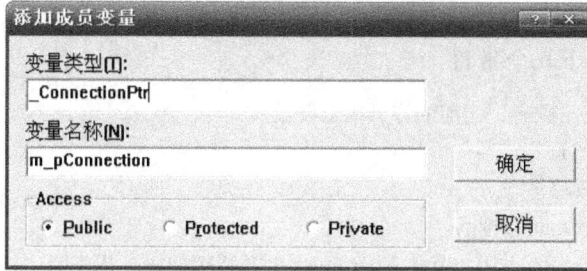

图 19-3　设置成员变量

或在文件 ADO.h 中的 CADOApp 类定义里面,直接加入代码:

```
class CADOApp : public CWinApp
{
public:
    _ConnectionPtr   m_pConnection;
    CADOApp();
    .........
}
```

(2) 连接 Oracle 数据库

在文件 ADO.cpp 中,在 BOOL CADOApp::InitInstance()中加入代码:

```
HRESULT hr;
try
{
    hr = m_pConnection.CreateInstance("ADODB.Connection");//创建 Connection 对象
    if(SUCCEEDED(hr))
    {
    hr = m_pConnection->Open("Provider=MSDAORA.1; Password=tiger; User ID=scott; Da-
ta Source=orcl; Persist Security Info=True","","",adModeUnknown);
    //连接数据库
    }
}
catch(_com_error e)      //捕捉异常
{
    CString errormessage;
    errormessage.Format("连接数据库失败! \r\n 错误信息:%s",e.ErrorMessage());
    AfxMessageBox(errormessage);///显示错误信息
    return FALSE;
}
```

在这段代码中我们是通过 Connection 对象的 Open 方法来进行连接数据库的。

```
Open (_bstr_t ConnectionString, _bstr_t UserID, _bstr_t Password, long Options )
```

ConnectionString 为连接字串,UserID 是用户名, Password 是登录密码,Options 是连接

选项,用于指定 Connection 对象对数据的更新许可权。

Options 可以是如下几个常量:

> adModeUnknown:缺省。当前的许可权未设置
> adModeRead:只读
> adModeWrite:只写
> adModeReadWrite:可以读写
> adModeShareDenyRead:阻止其他 Connection 对象以读权限打开连接
> adModeShareDenyWrite:阻止其他 Connection 对象以写权限打开连接
> adModeShareExclusive:阻止其他 Connection 对象打开连接
> adModeShareDenyNone:允许其他程序或对象以任何权限建立连接

(四) 利用建立好的连接,通过 Connection、Command 对象执行 SQL 命令,或利用 Recordset 对象取得结果记录集进行查询、处理

执行 SQL 命令并取得结果记录集的方法有 3 个,下面分别介绍:

(1) 方法一:利用 Connection 对象的 Execute 方法,执行 SQL 命令。

> Execute (_bstr_t CommandText, VARIANT * RecordsAffected, long Options)

其中 CommandText 是命令字串,通常是 SQL 命令。

参数 RecordsAffected 是操作完成后所影响的行数。

参数 Options 表示 CommandText 中内容的类型,Options 可以取如下值之一:

> adCmdText:表明 CommandText 是文本命令。
> adCmdTable:表明 CommandText 是一个表名。
> adCmdProc:表明 CommandText 是一个存储过程。
> adCmdUnknown:未知。

Execute 执行完后返回一个指向记录集的指针,下面我们给出具体代码并作说明。

例如:执行 SQL 命令 CREATE TABLE 创建表格 users,users 包含四个字段:整形 ID、字符串 username、整形 old、日期型 birthday:

> _variant_t　RecordsAffected;　　//定义变量。
> m_pConnection->Execute("CREATE TABLE users(ID INTEGER,username TEXT,old IN-TEGER,birthday DATETIME)",&RecordsAffected,adCmdText);
> 　往表格里面添加记录:
> m_pConnection->Execute("INSERT INTO users(ID,username,old,birthday) VALUES (1," Washington",25,"1970/1/1")",&RecordsAffected,adCmdText);
> 　将所有记录 old 字段的值加 1:
> m_pConnection->Execute("UPDATE users SET old = old+1",&RecordsAffected,adCmdT-ext);

再例如:执行 SQL 统计命令得到包含记录条数的记录集。

① 为了取得结果记录集,我们定义一个指向 Recordset 对象的指针。

> _RecordsetPtr　m_pRecordset;

② 为其创建 Recordset 对象的实例。

```
m_pRecordset. CreateInstance("ADODB. Recordset");
```

③ 执行命令,得到包含记录条数。

```
    m_pRecordset = m_pConnection->Execute("SELECT COUNT(*) FROM users",
&RecordsAffected,adCmdText);
```

(2) 方法二:利用 Command 对象的 Execute 方法,执行 SQL 命令。

先定义一个 Command 对象。_CommandPtr m_pCommand;

再为其创建 Command 对象的实例和设置游标的位置。

m_pCommand. CreateInstance("ADODB. Command"); //创建 Command 对象的实例。

m_pRecordset->CursorLocation=adUseClient;　//设置游标的位置。

例如:执行 SQL 命令得到 users 表的记录集。

① 将建立的连接赋值给它,非常关键的一句。

```
m_pCommand->ActiveConnection = m_pConnection;
```

② 命令字串。

```
m_pCommand->CommandText = "SELECT * FROM users";
```

③ 执行命令,取得记录集。

```
m_pRecordset = m_pCommand->Execute(NULL,NULL,adCmdText);
```

在这段代码中是用 Command 对象来执行 SELECT 查询语句,Command 对象在进行存储过程的调用中能真正体现它的作用。

再例如:执行 SQL 命令删除学号为 3 的记录。

```
CString strsql;
strsql. Format("delete from student where stuid = '%s'",3);
_variant_t   strSQL = strsql;
this-> m_pCommand ->ActiveConnection = this-> m_pConnection;
this-> m_pCommand ->CommandType = adCmdText;
this-> m_pCommand ->CommandText = (_bstr_t)strSQL;
this-> m_pCommand ->Execute(NULL,NULL,adCmdText);
```

_variant_t 和_bstr_t 这两个类分别封装并管理 VARIANT 和 BSTR 这两种数据类型,VARIANT 和 BSTR 这两种类型是 COM 中使用的数据类型。为了 C++ 中的变量应用到 ADO 编程中,只能进行数据类型的转换。通过_variant_t 和_bstr_t 这两个类,就可以方便地把 C++ 类型变量转换成 COM 中的变量了。

(3) 方法三:直接用 Recordset 对象的 open 方法进行查询取得记录集。

① 为了取得结果记录集,我们定义一个指向 Recordset 对象的指针:

```
_RecordsetPtr   m_pRecordset;
```

② 创建 Recordset 对象的实例：

```
    m_pRecordset. CreateInstance("ADODB. Recordset");
    Open ( const _variant_t & Source, const _variant_t & ActiveConnection, enum CursorTypeEnum
CursorType, enum LockTypeEnum LockType, long Options )
```

其中：

Source 是数据查询字符串。

ActiveConnection 是已经建立好的连接(需要用 Connection 对象指针来构造一个 _variant_t 对象)。

③ CursorType 光标类型：

前滚静态光标(adOpenForwardOnly ＝ 0)：

这种光标只能向前浏览记录集,比如用 MoveNext 向前滚动,这种方式可以提高浏览速度。但诸如 BookMark,RecordCount,AbsolutePosition,AbsolutePage 都不能使用。

键集光标(adOpenKeyset ＝ 1)

采用这种光标的记录集看不到其他用户的新增、删除操作,但对于更新原有记录的操作对你是可见的。

动态光标(adOpenDynamic ＝ 2)

所有数据库的操作都会立即在各用户记录集上反映出来。

静态光标(adOpenStatic ＝ 3)

它为用户的记录集产生一个静态备份,但其他用户的新增、删除、更新操作对你的记录集来说是不可见的。

④ LockType 锁定类型：

只读记录集 adLockReadOnly ＝ 1。

悲观锁定方式 adLockPessimistic ＝ 2。数据在更新时锁定其他所有动作,这是最安全的锁定机制。

乐观锁定方式 adLockOptimistc ＝ 3。只有在调用 Update 方法时才锁定记录。在此之前仍然可以做数据的更新、插入、删除等动作。

乐观分批更新 adLockBatchOptimistic ＝ 4。编辑时记录不会锁定,更改、插入及删除是在批处理模式下完成。

关闭记录集：m_pRecordset－＞Close();

例如：打开一个表。

```
    m_pRecordset－＞Open("SELECT ＊ FROM users",_variant_t((IDispatch ＊)m_pConnection,
true),adOpenStatic,adLockOptimistic,adCmdText);
```

或者

```
    theApp. m_pRecordset－＞Open(strsql,theApp. m_pConnection. GetInterfacePtr(), adOpen-
Static, adLockOptimistic, adCmdUnknown);
```

再例如：打开记录集,遍历所有记录,删除第一条记录,添加三条记录,移动光标到第二条记录,更改其年龄,保存到数据库。

```
_variant_t  vUsername,vBirthday,vID,vOld;
_RecordsetPtr  m_pRecordset;
m_pRecordset. CreateInstance("ADODB. Recordset");
m_pRecordset->Open("SELECT * FROM users",_variant_t((IDispatch *)m_pConnection,true),
adOpenStatic,adLockOptimistic,adCmdText);
    while(! m_pRecordset->adoEOF)    //这里为什么是 adoEOF 而不是 EOF 呢？还记得 rename("
EOF","adoEOF")这一句吗？
    {
        vID = m_pRecordset->GetCollect(_variant_t((long)0));      //取得第 1 列的值,从 0 开始计
数(0 代表第一列),你也可以直接给出列的名称,如下一行
        vUsername = m_pRecordset->GetCollect("username");//取得 username 字段的值
        vOld = m_pRecordset->GetCollect("old");
        vBirthday = m_pRecordset->GetCollect("birthday");
        m_pRecordset->MoveNext();    //移到下一条记录
    }
    m_pRecordset->MoveFirst();   //移到首条记录
    m_pRecordset->Delete(adAffectCurrent);       //删除当前记录
    //添加三条新记录并赋值
    for(int i=0;i<3;i++)
    {
        m_pRecordset->AddNew();///添加新记录
        m_pRecordset->PutCollect("ID",_variant_t((long)(i+10)));
        m_pRecordset->PutCollect("username",_variant_t("叶利钦"));
        m_pRecordset->PutCollect("old",_variant_t((long)71));
        m_pRecordset->PutCollect("birthday",_variant_t("1930-3-15"));
    }
    m_pRecordset->Move(1,_variant_t((long)adBookmarkFirst));   //从第一条记录往下移动一条记
录,即移动到第二条记录处
    m_pRecordset->PutCollect(_variant_t("old"),_variant_t((long)45));   //修改其年龄
    m_pRecordset->Update();        //保存到库中
```

（五）使用完毕后关闭连接释放对象

（1）为类 CADOApp 添加 ExitInstance()方法。如图 19-4、19-5 所示。

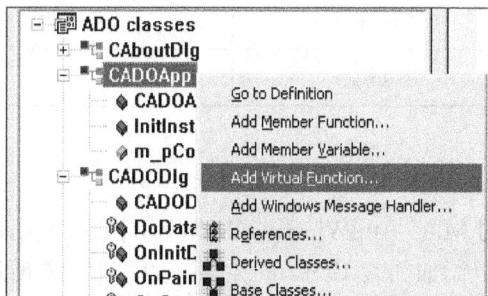

图 19-4　右键选择添加虚拟函数

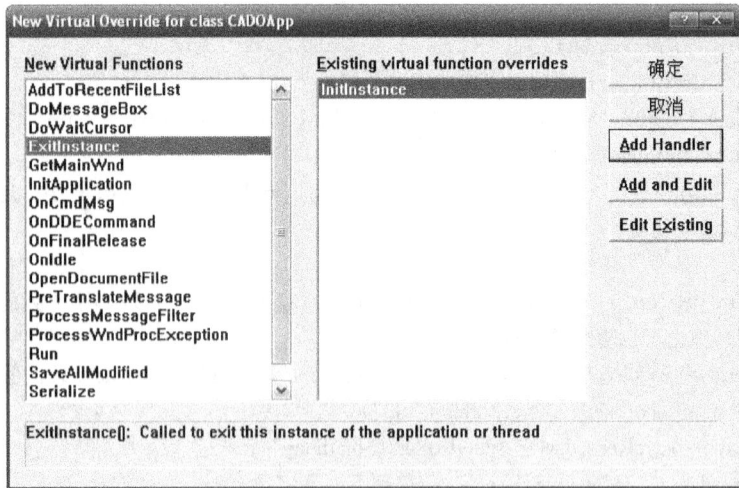

图 19-5 添加虚拟函数

(2) 单击"ADD and Edit"按钮,在 ExitInstance()方法中,加入代码"if(m_pConnection —>State) m_pConnection —>Close();"

```
int CADOApp::ExitInstance()
{
    // TODO: Add your specialized code here and/or call the base class
    if(m_pConnection->State)
        m_pConnection->Close();
    return CWinApp::ExitInstance();
}
```

下面利用 ADO 技术,设计一个学生信息管理系统。

1. 在 Oracle 中,创建 student 表,结构如表 19-1 所示

表 19-1 student 表结构

列名	数据类型	非空	说明
SNO	Varchar2(10)	√	学号,主键
SNAME	Varchar2(10)	√	姓名
SSEX	Char(2)		性别
AGE	Number		年龄

2. 界面设计

创建一个名为 ADO 的 MFC AppWizard(EXE)应用程序,应用程序为"基本对话框"。如图 19-1 所示。在对话框上添加如表 19-2 的控件。如图 19-6 所示。

表 19－2　控件的属性表

控件 ID	类型	主要属性	属性值	关联变量
IDC_EDIT_SNO	编辑框		对应"学号"	m_sno
IDC_EDIT_SNAME	编辑框		对应"姓名"	m_sname
IDC_EDIT_SSEX	编辑框		对应"性别"	m_ssex
IDC_EDIT_SAGE	编辑框		对应"年龄"	m_sage
IDC_BUTTON_Add	按钮	标题	添加	
IDC_BUTTON_EDit	按钮	标题	修改	
IDC_BUTTON_Del	按钮	标题	删除	
IDC_BUTTON_Query	按钮	标题	查询	
IDC_BUTTON_Sort	按钮	标题	排序	
IDC_BUTTON_Pre	按钮	标题	上一个	
IDC_BUTTON_Next	按钮	标题	下一个	
IDC_EDITVALUE	编辑框		对应查询字段的值	m_value
IDC_COMSORT	组合框		对应"排序"	Cstring 型变量 m_sort，Ccombox 型变量 m_com sort

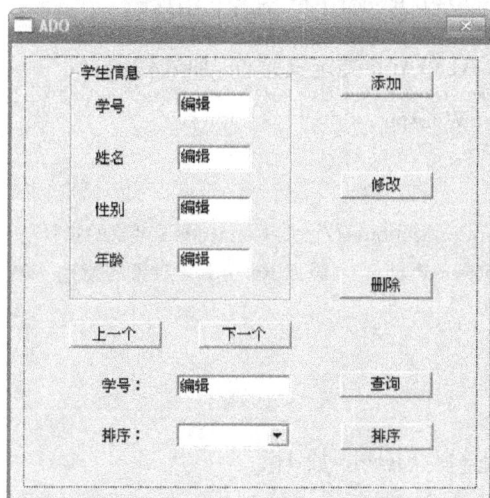

图 19－6　主界面设计

　　注意：为组合框 IDC_COMSORT 连接了两个变量，一个为了取得组合框的值为 Cstring 类型，另一个为控制组合框为 CcomboBox 类型。IDC_COMSORT 的"样式"中，"类型"属性为"下拉列表"；去掉"分类"属性，为控件关联变量。如图 19－7 所示。

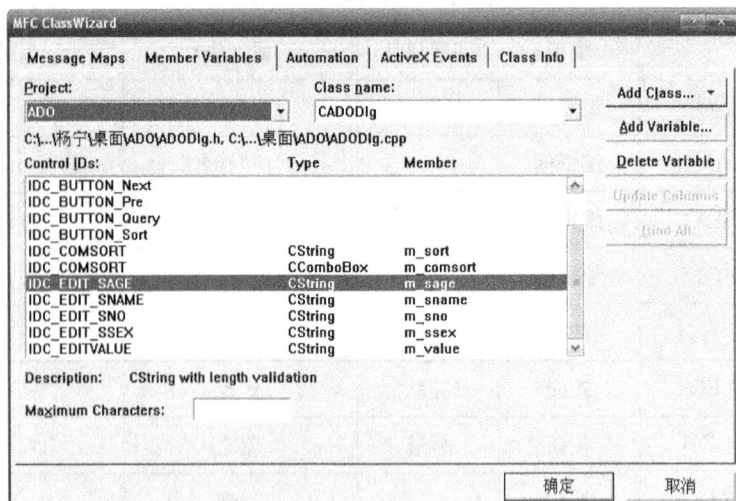

图 19-7　关联变量图

3. 用#import 指令引入 ADO 类型库

在 stdafx. h 中加入如下语句,用#import 指令引入 ADO 类型库,放到 stdafx. h 所有语句的最后面。

> #import "C:\\Program Files\\Common Files\\System\\ADO\\msado15. dll" no_namespace rename
> ("EOF", "adoEOF")。

4. 定义 Connection 对象和 Recordset 对象的指针

在文件 ADO. h 中的 CADOApp 类定义里面,加入代码:

```
class CADOApp : public CWinApp
{
public:
    _ConnectionPtr   m_pConnection;  //添加 Connection 对象的指针
    _RecordsetPtr   m_pRecordset;   //添加 Recordset 对象的指针
    CADOApp();
    .........
}
```

5. 初始化 COM 库和连接 Oracle 数据库

在文件 ADO. cpp 中, 使用 AfxOleInit ( ) 来初始化 COM 库,这项工作通常在 InitInstance()的重载函数中完成,放到第一句的后面。并加入连接 Oracle 数据库的代码。

```
BOOL CADOApp：：InitInstance()
{
    AfxEnableControlContainer();
    AfxOleInit();//这就是初始化 COM 库
    /＊连接 Oracle 数据库＊/
    HRESULT hr;
    try
    {
        hr = m_pConnection. CreateInstance("ADODB. Connection");//创建 Connection 对象的实例
        m_pRecordset. CreateInstance("ADODB. Recordset");　//创建 Recordset 对象的实例
        m_pRecordset－＞CursorLocation＝adUseClient;　//设置游标位置客户端游标
        if(SUCCEEDED(hr))
        {
        hr ＝ m_pConnection－＞Open("Provider＝MSDAORA. 1；Password＝tiger；User ID＝
scott;Data Source＝orcl;Persist Security Info＝True","","",adModeUnknown);//连接数据库
        }
    }
    catch(_com_error e)　　//捕捉异常
    {
        CString errormessage;
        errormessage. Format("连接数据库失败！\r\n 错误信息：%s",e. ErrorMessage());
        AfxMessageBox(errormessage);///显示错误信息
        return FALSE;
    }
    ………
}
```

6. 在文件 ADODlg. h 中最后面加入代码

```
extern CADOApp theApp；//添加外部类的引用
```

7. 添加刷新 4 个编辑框内容的函数 Refresh

在文件 ADODlg. h 的 class CADOApp ：public CWinApp 中，添加 Refresh 函数的声明：
void CADOApp：：Refresh();　//Refresh 函数的声明
在文件 ADODlg. cpp 中，添加 Refresh 函数代码：

```
void CADODlg::Refresh()
{
    m_sno = (char *)(_bstr_t)theApp. m_pRecordset->GetCollect("sno");
    if(theApp. m_pRecordset->GetCollect("sname"). vt ==VT_NULL)
        m_sname = "";
    else
        m_sname =(char *)(_bstr_t)theApp. m_pRecordset->GetCollect("sname");
    if(theApp. m_pRecordset->GetCollect("ssex"). vt ==VT_NULL)
        m_ssex ="";
    else
        m_ssex = (char *)(_bstr_t)theApp. m_pRecordset->GetCollect("ssex");
    if(theApp. m_pRecordset->GetCollect("sage"). vt ==VT_NULL)
        m_sage ="";
    else
        m_sage = (char *)(_bstr_t)theApp. m_pRecordset->GetCollect("sage");
}
```

或利用"Add Member Function"来添加成员函数,在加入其中代码。如图 19-8、19-9 所示。

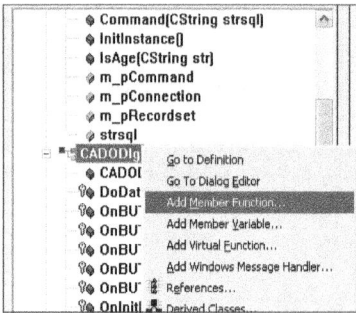

图 19-8　添加成员函数

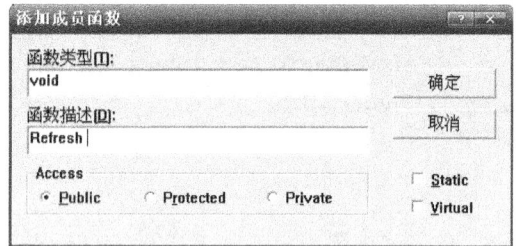

图 19-9　设置成员函数

8. 主界面打开时,4 个编辑框显示数据库中 student 表的内容

利用 Recordset 的 open 方法执行查询语句。在 ADODlg. cpp 文件的 CADODlg 类构造函数 ADODlg::CADODlg(CWnd * pParent /* =NULL */):CDialog(CADODlg::IDD, pParent)中,添加代码:

```
_variant_t strsql = "select * from student";
if (theApp. m_pRecordset->State == adStateOpen)
{
    theApp. m_pRecordset->Close();
}
try
{
```

```
        theApp. m_pRecordset->Open(strsql,theApp. m_pConnection. GetInterfacePtr(),adOpenKey-
set,adLockOptimistic,adCmdUnknown);
    }
    catch(_com_error &e)
    {
        CString err;
        err. Format("ADO Error：%s",(char *)e. Description());
        AfxMessageBox(err);
    }
    if(! theApp. m_pRecordset->adoEOF)
        Refresh();
```

9. "上一个"按钮的代码

```
void CADODlg::OnBUTTONPre()
{
    // TODO：Add your control notification handler code here
    theApp. m_pRecordset ->MovePrevious();
    if(theApp. m_pRecordset->BOF)
    {
        AfxMessageBox("这已经是第一条!");
        theApp. m_pRecordset ->MoveNext();
        return;
    }
    else
    {
        Refresh();
        UpdateData(FALSE);
        return;
    }
}
```

10. "下一个"按钮的代码

```
void CADODlg::OnBUTTONNext()
{
    // TODO：Add your control notification handler code here
    theApp. m_pRecordset->MoveNext();
    if(theApp. m_pRecordset->adoEOF)
    {
        AfxMessageBox("这已经是最后一条!");
        theApp. m_pRecordset->MovePrevious();
```

```
            return;
        }
        else
        {
            Refresh();
            UpdateData(FALSE);
            return;
        }
    }
```

11. 添加公共成员变量 strsql 和函数 Command

在文件 ADO. h 的 class CADOApp : public CWinApp 中,增加一个公共成员变量 strsql。
添加代码为:

```
CString strsql;
```

或利用"Add Member Variable"来添加成员变量。如图 19 - 10、19 - 11 所示。

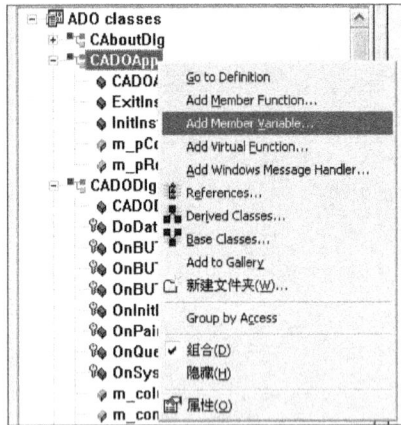

图 19 - 10　添加成员变量

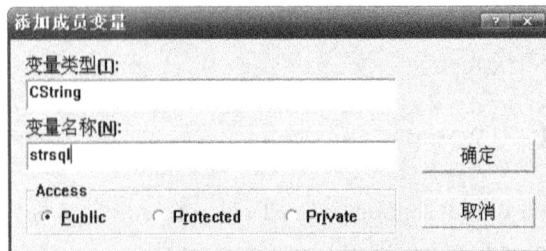

图 19 - 11　设置成员变量

新增加一个函数 Command 用于执行 SQL 语句:
在文件 ADO. h 的 class CADOApp : public CWinApp 中,添加 Command 函数的声明;
bool CADOApp∷Command(CString strsql);　//Query 函数的声明;

在文件 ADO. cpp 中，添加 Command 函数代码：

```
bool CADOApp::Command(CString strsql)
{
    _variant_t strSQL = strsql;
    if (theApp. m_pRecordset->State == adStateOpen)
        theApp. m_pRecordset->Close();
    try
    {
    theApp. m_pRecordset->Open(strSQL, theApp. m_pConnection. GetInterfacePtr(), adOpenKey-
set , adLockOptimistic, adCmdUnknown);
    }
    catch(_com_error &e)
    {
        CString err;
        err. Format("ADO Error: %s", (char * )e. Description());
        AfxMessageBox(err);
        return false;
    }
    return true;
}
```

12. 新增加一个用于判断年龄输入是否是数字的函数 IsAge

在文件 ADO. h 的 class CADOApp : public CWinApp 中，添加 IsAge 函数的声明：
bool CADOApp::IsAge(CString str)；　//IsAge 函数的声明
在文件 ADO. cpp 中，添加 IsAge 函数代码：

```
bool CADOApp::IsAge(CString str)
{
    if (str. GetLength() > 2)
        return false;
    if (str[0] >= '0' && str[0] <= '9')
    {
        if (str[1] >= '0' && str[1] <= '9')
            return true;
        else
            return false;
    }
    else
        return false;
}
```

13. "查询"按钮代码

```
void CADODlg：：OnBUTTONQuery()
{
    // TODO：Add your control notification handler code here
    UpdateData(TRUE)；
    if (m_value.GetLength() == 0)
    {
        AfxMessageBox("查询条件不能为空 ！")；
        return；
    }
    theApp.strsql.Format("select * from student where sno = '%s'",m_value)；
    if (theApp. Command (theApp.strsql))
        if (！ theApp.m_pRecordset->adoEOF)
        {
            Refresh()；
            UpdateData(FALSE)；
        }
        else
        {
            AfxMessageBox("没有检索到信息,请检查输入!")；
            return；
        }
}
```

14. 添加一个新窗体,供添加学生信息

新建一个添加学生信息使用的窗体,名称为"CDialogA"(为窗体的类名)。对话框 ID 为："IDD_DIALOGA_DIALOG"。如图 19-12 所示。

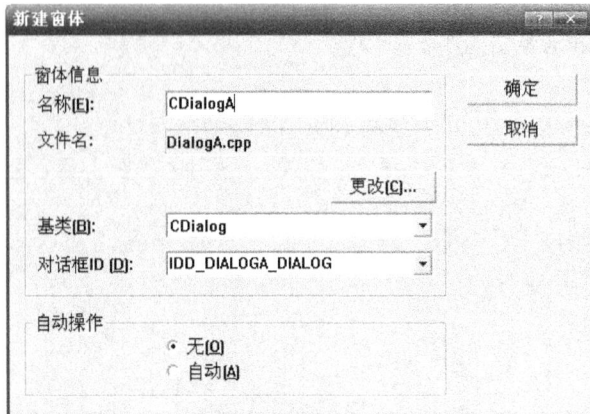

图 19-12　新建窗体

在窗体上添加控件，并为编辑框关联变量。如图 19－13、19－14 和表 19－3 所示。

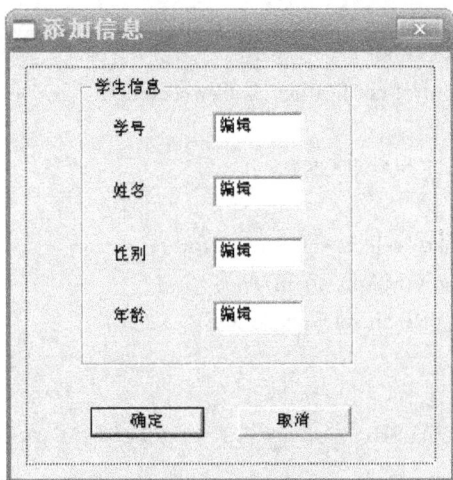

图 19－13　窗体的设计

表 19－3　控件的属性表

控件 ID	类型	主要属性	属性值	关联变量
IDD_DIALOGA_DIALOG	DIALOG	标题	添加信息	
IDC_EDIT_SNO	编辑框		对应"学号"	m_sno
IDC_EDIT_SNAME	编辑框		对应"姓名"	m_sname
IDC_EDIT_SSEX	编辑框		对应"性别"	m_ssex
IDC_EDIT_SAGE	编辑框		对应"年龄"	m_sage
IDOK	按钮	标题	确定	
IDCANCEL	按钮	标题	取消	

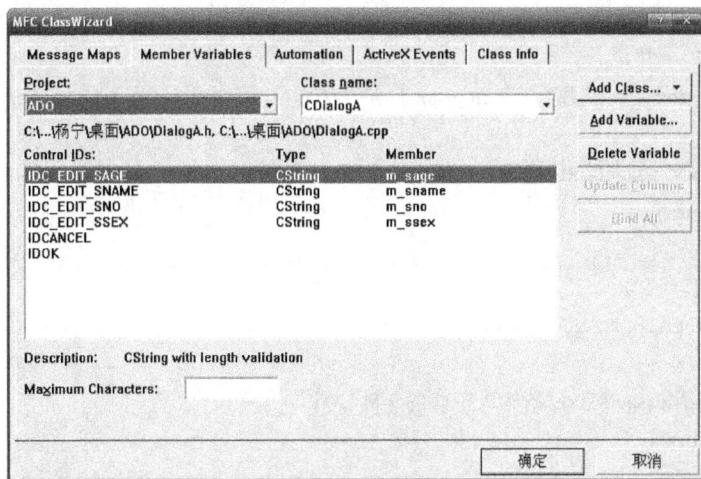

图 19－14　关联变量图

15. 主界面"添加"按钮的代码

```
void CADODlg::OnBUTTONAdd()
{  // TODO：Add your control notification handler code here
   CDialogA cdialogadd；
   if (cdialogadd. DoModal() == IDOK)
   {
       theApp. strsql. Format("select * from student")；
       if (theApp. Command (theApp. strsql))
         if (! theApp. m_pRecordset->adoEOF)
         {
            Refresh()；
            UpdateData(FALSE)；
         }
   }
}
```

注意：在 ADODlg. cpp 中加入代码：#include "DialogA. h"

16. "确定"按钮的代码

```
void CDialogA::OnOK()
{
    // TODO：Add your control notification handler code here
    UpdateData(TRUE)；
    if(m_sno=="")
    {
        AfxMessageBox("请输入学号!")；
        return；
    }
    if (m_ssex! ="")
        if (m_ssex ! = "男" && m_ssex ! = "女")
        {
            AfxMessageBox("请输入正确的性别!")；
            return；
        }
    if (m_sage! ="")
        if (! theApp. IsAge(m_sage))
        {
            AfxMessageBox("请输入正确的年龄!")；
            return ；
        }
```

```
        theApp. strsql. Format("insert into student values ('%s','%s','%s','%s')", m_sno,m_sname,m_
ssex,m_sage);
        if (theApp. Command (theApp. strsql))
            AfxMessageBox("添加信息成功!");
        CDialog::OnOK();
    }
```

注意：在文件 DialogA. h 中最后面加入代码：extern CADOApp theApp;//添加外部类的引用。

17. "删除"按钮的代码

```
void CADODlg::OnBUTTONDel()
{
    // TODO: Add your control notification handler code here
    if(AfxMessageBox("真的要删除此记录吗?",MB_YESNO|MB_ICONQUESTION)==IDYES)
    {
        theApp. strsql. Format("delete from student where sno = '%s'",m_sno);
        if (theApp. Command(theApp. strsql))
        {
            AfxMessageBox("删除信息成功!");
            theApp. strsql. Format("select * from student");
            if (theApp. Command (theApp. strsql))
            if (! theApp. m_pRecordset->adoEOF)
            {
                Refresh();
                UpdateData(FALSE);
            }
        }
    }
}
```

18. "修改"按钮的代码

```
void CADODlg::OnBUTTONEdit()
{
    // TODO: Add your control notification handler code here
    UpdateData(TRUE);
    if(m_sno=="")
    {
        AfxMessageBox("请输入学号!");
        return;
    }
```

```
    if (m_ssex! ="")
       if (m_ssex ! = "男" && m_ssex ! = "女")
       {
          AfxMessageBox("请输入正确的性别!");
          return；
       }
    if (m_sage! ="")
       if (! theApp. IsAge(m_sage))
       {
          AfxMessageBox("请输入正确的年龄!");
          return ;
       }
theApp. m_pRecordset->put_Collect(_variant_t("sno"),_variant_t(m_sno));
theApp. m_pRecordset->put_Collect(_variant_t("sname"),_variant_t(m_sname));
theApp. m_pRecordset->put_Collect(_variant_t("ssex"),_variant_t(m_ssex));
theApp. m_pRecordset->put_Collect(_variant_t("sage"),_variant_t(m_sage));
    theApp. m_pRecordset->Update();
    AfxMessageBox("修改成功!");
}
```

19. 添加下拉列表框 IDC_COMSORT 的内容

在文件 ADODlg. cpp 的方法 BOOL CADODlg：：OnInitDialog()中,添加代码

```
m_comsort. AddString("学号");
m_comsort. AddString("姓名");
m_comsort. AddString("性别");
m_comsort. AddString("年龄");
```

20. "排序"按钮的代码

```
void CADODlg：：OnBUTTONSort()
{
   // TODO：Add your control notification handler code here
   UpdateData(TRUE)；
   if (m_sort == "学号")
      theApp. m_pRecordset->Sort = "sno";
   if (m_sort == "姓名")
      theApp. m_pRecordset->Sort = "sname";
   if (m_sort == "性别")
      theApp. m_pRecordset->Sort = "ssex";
```

```
    if (m_sort == "年龄")
        theApp. m_pRecordset->Sort = "sage";
}
```

21. 把上述程序编译、运行

（1）主界面：如图 19－15 所示。

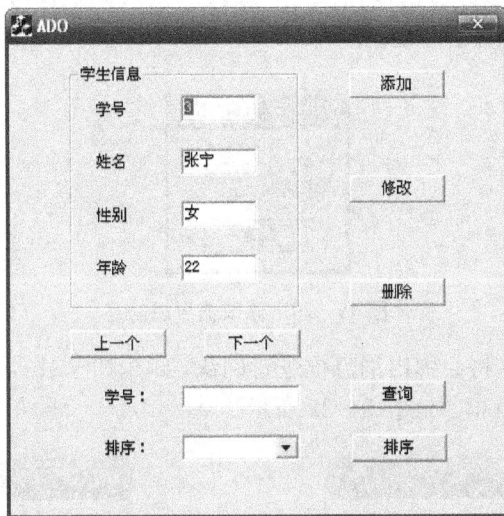

图 19－15　关联变量图

（2）单击"添加"按钮，弹出"添加信息"对话框，输入数据，单击"确定"按钮，如图 19－16 所示。如果没有问题，将会弹出"添加信息成功！"消息框，如图 19－17 所示。

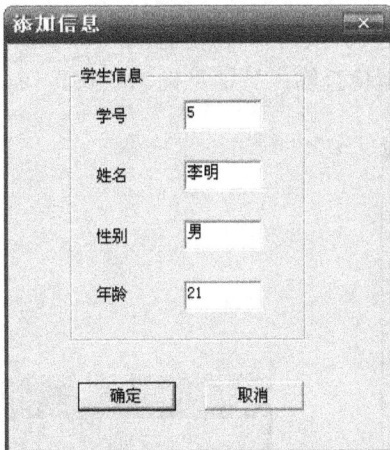

图 19－16　添加信息

图 19－17　添加信息成功

如果没有学号的值，将会弹出"请输入学号！"的消息框，如图 19－18 所示。如果添加的记录学号有重复，将会弹出"违反唯一性约束添加"的消息框，如图 19－19 所示。

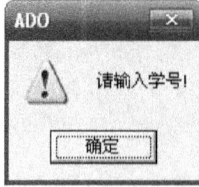

图 19-18　添加信息成功

图 19-19　添加信息成功

（3）在 4 个编辑框中修改数据，然后单击"修改"按钮，则把修改的值存入数据库中，并弹出"修改成功！"消息框，如图 19-20 所示。

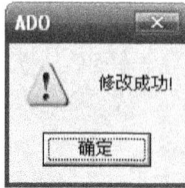

图 19-20　修改信息成功

（4）单击"删除"按钮，将会弹出消息框进行确认，如图 19-21 所示。如果成功删除，将会弹出"删除信息成功！"消息框，如图 19-22 所示。

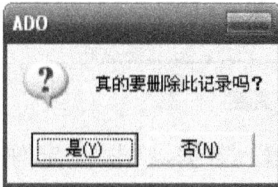

图 19-21　确认删除信息

图 19-22　删除信息成功

（5）在学号的编辑框中输入数据，单击"查询"按钮，如果能查询成功，则定位该记录，如图 19-23 所示。否则，弹出"没有检索到信息，请检查输入！"消息框，如图 19-24 所示。

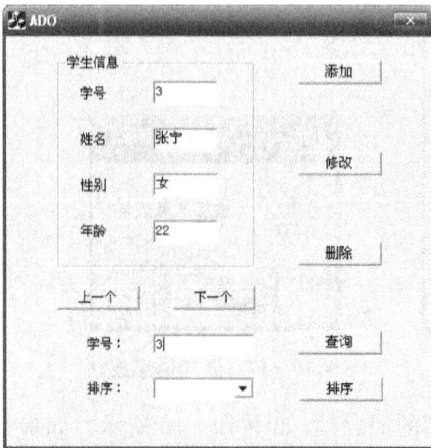

图 19-23　查询信息

图 19-24　查询信息不成功

（6）在排序的下拉列表中选择排序字段，然后单击"排序"按钮，则能按次序显示记录，如图 19-25 所示。

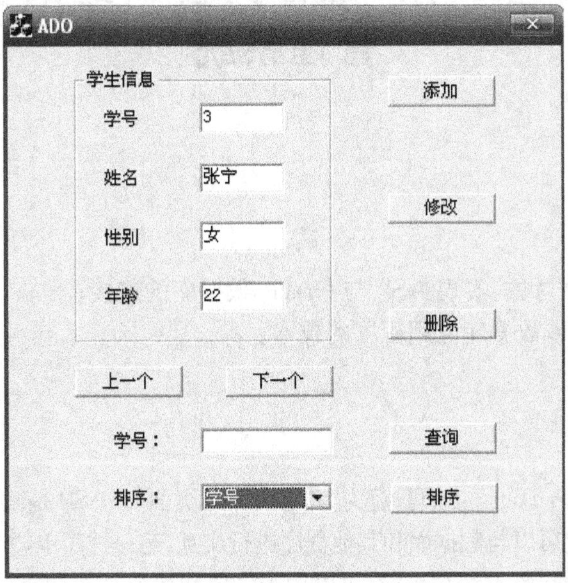

图 19-25　排序信息

实验二十　综合实验 3：通讯录管理系统

一、实验目的

1. 掌握利用 ADO 对象，实现 ASP 与 Oracle 数据库的连接；
2. 掌握开发 Oracle 数据库应用程序的技术。

二、实验内容

ASP 是 Active Server Page 的缩写，意为"动态服务器页面"。ASP 是微软公司开发的代替 CGI 脚本程序的一种应用，它可以与数据库和其他程序进行交互，是一种简单、方便的编程工具。

ASP 是一种服务器端脚本编写环境，可以用来创建和运行动态网页或 Web 应用程序。ASP 网页可以包含 HTML 标记、普通文本、脚本命令以及 COM 组件等。利用 ASP 可以向网页中添加交互式内容（如在线表单），也可以创建使用 HTML 网页作为用户界面的 Web 应用程序。

只要使用一般的文书编辑程序，如 Windows 记事本，就可以编辑。当然，其他开发工具，如 FrontPage、Dreamweaver 等也都可以；不过一般用记事本来写。

通讯录管理系统用 ASP 语言设计，数据库为 Oracle 11g。系统主界面是由 2 部分构成的，左边是功能表，右边是显示具体内容。该通讯录要提供显示、添加、删除、修改和查找成员的功能。每个人可以自由填写联系信息，并自己添加修改密码，只有该成员的密码才可以维护该成员的信息，否则只能浏览。如图 20-1 所示。

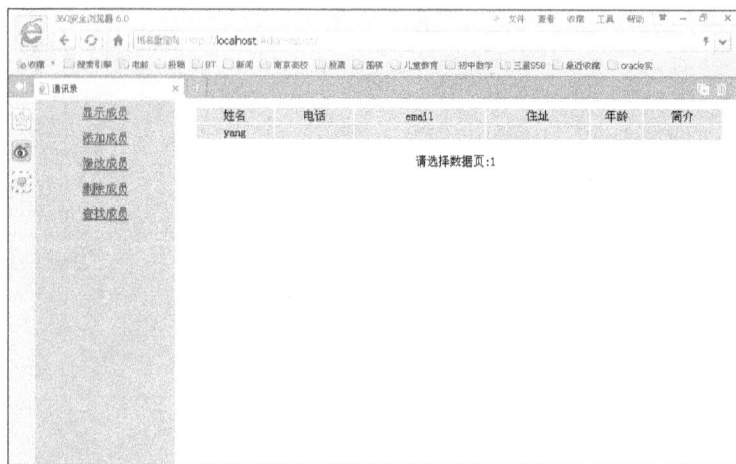

图 20-1　通讯录管理系统主界面

（一）数据库设计：在 SCOTT 用户下创建 USERS 表。表结构如图 20 - 2 所示

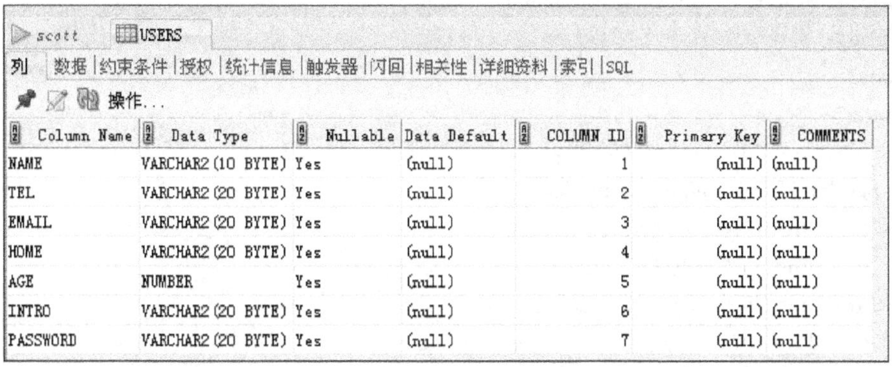

Column Name	Data Type	Nullable	Data Default	COLUMN ID	Primary Key	COMMENTS
NAME	VARCHAR2(10 BYTE)	Yes	(null)	1	(null)	(null)
TEL	VARCHAR2(20 BYTE)	Yes	(null)	2	(null)	(null)
EMAIL	VARCHAR2(20 BYTE)	Yes	(null)	3	(null)	(null)
HOME	VARCHAR2(20 BYTE)	Yes	(null)	4	(null)	(null)
AGE	NUMBER	Yes	(null)	5	(null)	(null)
INTRO	VARCHAR2(20 BYTE)	Yes	(null)	6	(null)	(null)
PASSWORD	VARCHAR2(20 BYTE)	Yes	(null)	7	(null)	(null)

图 20 - 2　USERS 表结构

（二）程序代码设计

在"C:\Inetpub\wwwroot"下创建 AddressList 文件夹，在该文件夹下创建以下文件

（1）建立通讯录模块主页面 index. htm：

```
<html> <head><title>通讯录</title></head>
<frameset border="false" frameborder="0" framespacing="0" cols="20%,*">
<frame name="left" scrolling="no" src="menu. htm" target="right">
<frame name="right" src="list. asp">
<noframes><body>对不起,你必须使用支持框架页的浏览器</body></noframes>
</frameset></html>
```

（2）功能列表文件 menu. htm：

```
<html> <head><title>功能列表文件</title> <base target="right"></head>
<body bgcolor="#FFCC66">   <center>
<p><a href="list. asp">显示成员</a>
<p><a href="add_form. htm">添加成员</a>
<p><a href="change. asp">修改成员</a>
<p><a href="delete. asp">删除成员</a>
<p><a href="search. asp">查找成员</a>   </center></body></html>
```

（3）连接数据库文件 connection. asp：

```
<%  Dim  db,dns
dns="Driver={Microsoft ODBC for Oracle};UID=scott;PWD=tiger;server=orcl"
set db= server. createobject("adodb. connection")
db. open dns  %>
```

（4）显示成员文件 list. asp：

```
<% option explicit%>
<!—#include file="connection. asp"—>
<html>  <head><title>查询全部成员</title>
</head>
<body>
<center>
<table border="0" width="95%">
<tr bgcolor="pink" align="center">
    <td width=15%>姓名</td>
    <td width=15%>电话</td>
    <td width=25%>email</td>
    <td width=20%>住址</td>
    <td width=10%>年龄</td>
    <td width=20%>简介</td>  </tr>
<% dim rs,strsql
    set rs=server. createobject("adodb. recordset")
    strsql="select * from users order by name"
    rs. open strsql, db, 1
    if rs. bof and rs. eof then
       response. write "现在还没有数据"
    else
       dim page_size
       dim page_no
       dim page_total
       page_size=4
    if request. querystring("page_no")="" then
       page_no=1
    else
       page_no=cint(request. querystring("page_no"))
    end if
        rs. pagesize=page_size
        page_total=rs. pagecount
        rs. absolutepage=page_no
dim i
i=page_size
do while not rs. eof and i>0
   i=i-1
response. write "<tr bgcolor='pink' align='center'>"
response. write "<td>"&rs("name")&"</td>"
response. write "<td>"&rs("tel")&"</td>"
response. write "<td><a href='mailto:"&rs("email")&"'>"&rs("email")&"</td>"
```

```
response. write "<td>"&rs("home")&"</td>"
response. write "<td>"&rs("age")&"</td>"
response. write "<td>"&rs("intro")&"</td>"
response. write "<tr>"
rs. movenext
loop
response. write "</table>"
response. write "<p>请选择数据页:"
for i=1 to page_total
  if i=page_no then
    response. write i&" "
  else
    response. write "<a href='list. asp? page_no="&i&"'>"&i&"</a> "
  end if
next
end if
rs. close
set rs=nothing
db. close
set db=nothing   %>   </center></body></html>
```

（5）添加成员表单文件 add_form. htm：

```
<html> <head><title>添加成员</title></head>
<body>
<h2 align="center">添加成员</h2>
    <p align="center">(带 * 的内容必须输入)
    <form method="post" action="add. asp">
    <table border="0" width="90S%" bgcolor="lightblue">
      <tr><td>姓名:</td><td><input type="text" name="name" size="20"> * *</td
></tr>
      <tr><td>密码:</td><td><input type="password" name="password" size="20">
* *</td></tr>
      <tr><td>电话:</td><td><input type="text" name="tel" size="20"></td></tr>
      <tr><td>email:</td><td><input type="text" name="email" size="20"></td></tr>
      <tr><td>住址:</td><td><input type="text" name="home" size="20"></td></tr>
      <tr><td>年龄:</td><td><input type="text" name="age" size="20"></td></tr>
      <tr><td>简介:</td><td><textarea   name="intro" rowse="2" cols="40" wrap=
"soft"></textarea></td></tr>
      <tr><td></td><td><input type="submit" value="提交"><input type="reset"
value="重填"></td></tr>   </table> </form></body></html>
```

（6）添加成员文件 add. asp：

```
<% option explicit %>
<! --#include file="connection. asp"-->
<html> <head><title>输入结果</title></head>
<body>   <%   on error resume next
    if trim(request("name"))=""or trim(request("password"))="" then
        response. write "对不起,姓名和密码必须输入"
        response. write "<p><a href='add_form. htm'>返回,重新填写</a>"
    else
        dim name,password,tel,email,home,age,intro
        name=request("name")
        password=request("password")
        tel=request("tel")
        home=request("home")
        email=request("email")
        age=request("age")
        intro=request("intro")
        dim strsql,sqla,sqlb
        sqla="insert into users(name,password"
        sqlb="values('"&name&"','"&password&"'"
        if tel<>"" then
            sqla=sqla&",tel"
            sqlb=sqlb&",'"&tel&"'"
        end if
        if home<>"" then
            sqla=sqla&",home"
            sqlb=sqlb&",'"&home&"'"
        end if
        if email<>"" then
            sqla=sqla&",email"
            sqlb=sqlb&",'"&email&"'"
        end if
        if age<>"" then
            sqla=sqla&",age"
            sqlb=sqlb&",'"&age&"'"
        end if
        if intro<>"" then
            sqla=sqla&",intro"
            sqlb=sqlb&",'"&intro&"'"
        end if
        strsql=sqla&")"&sqlb&")"
```

```
        db.execute(strsql)
        if db.errors.count>0 then
            response.write "保存过程中发生错误,必须重新填写"
            response.write"<p><a href='add_form.htm'>返回,重新填写</a>"
        else
            response.write "<h2 align='center'>你的信息已安全加入,请牢记密码</h2>"
            response.write "<p>姓名:"&name
            response.write "<p>电话:"&tel
            response.write "<p>email:"&email
            response.write "<p>住址:"&home
            response.write "<p>年龄:"&age
            response.write "<p>简介:"&intro
            response.write"<p><a href='add_form.htm'>返回,继续添加</a>"
        end if
    end if   %> </body></html>
```

(7) 修改成员密码验证文件 change.asp：

```
<%response.buffer=true%>
<!--#include file="connection.asp"-->
<html><head align="center"><title>修改成员</title></head>
<body> <h2 align="center">修改成员</h2>
    <center> <form method="post" action="">
    <table border="0" width="90%" bgcolor="pink">
    <tr><td>姓名:</td><td><input type="text" name="name" size="20"> * *</td></tr>
    <tr><td>密码:</td><td><input type="password" name="password" size="20"> * *</td></tr>
    <tr><td></td><td><input type="submit" value="确定"></td></tr>
    </table> </form> </center>
<% if trim(request("name"))<>"" then
    dim rs,strsql
    strsql="select * from users where name='"&request("name")&"'and password='"&request("password")&"'"
    set rs=db.execute(strsql)
    if not rs.bof and not rs.eof   then
        session("name")=rs("name")
        response.redirect "update_form.asp"
    else
        response.write "对不起,密码不正确,请重新输入"
    end if
end if   %>
</body></html>
```

（8）修改成员表单文件 update_form. asp：

```
<! ——#include file="connection. asp"——>
<html> <head><title>修改成员</title></head>
<body>　<h2 align="center">请修改您的资料：</h2>
<p align="center">(带 * 的内容必须输入)
    <%　dim rs,strsql
      strsql="select * from users where name='"& session("name")&"'"
      set rs=db. execute(strsql)%>
<center>　<form method="post" action="update. asp">
<table border="0" width="80%" bgcolor="00FFFF">
    <tr><td>姓名：</td><td><input type="text" name="name" size="20" value="<%=
rs("name")%>"> * *</td></tr>
    <tr><td>密码：</td><td><input type="password" name="password" size="20" value
="<%=rs("password")%>"> * *</td></tr>
    <tr><td>电话：</td><td><input type="text" name="tel" size="20" value="<%=rs
("tel")%>"></td></tr>
    <tr><td>email：</td><td><input type="text" name="email" size="40" value="<%=
rs("email")%>"></td></tr>
    <tr><td>住址：</td><td><input type="text" name="home" size="40" value="<%=
rs("home")%>"></td></tr>
    <tr> <td>年龄：</td><td><input type="text" name="age" size="10" value="<%=rs
("age")%>"></td></tr>
    <tr><td>简介：</td><td><textarea name="intro" rows="2" cols="40" wrap="soft">
<%=rs("intro")%></textarea></td></tr>
    <tr><td></td><td><input type="submit"　value="确定"><input type="reset" value
="重填"></td></tr></table> </form> </center>
<%　rs. close
set rs=nothing
db. close
set db=nothing　%> </body></html>
```

（9）修改成员文件 update. asp：

```
<% option explicit%>
<! ——#include file="connection. asp"——>
<html> <head><title>更新成员</title></head>
<body> <%　if trim(request("name"))="" or trim(request("password"))="" then
      response. write "对不起,姓名、密码必须输入"
      response. write "<p><a href='update_form. asp'>返回,重新修改</a>"
else
      dim name,password,tel,email,home,age,intro
      name=request("name")
      password=request("password")
```

```
            tel＝request("tel")
            home＝request("home")
            email＝request("email")
            age＝request("age")
            intro＝request("intro")
    db.begintrans
            dim strsql
            strsql＝"delete from users where name＝'"&session("name")&"'"
            db.execute(strsql)
    dim sqla,sqlb
    sqla＝"insert into users(name,password"
    sqlb＝"values('"&name&"','"&password&"'"
    if tel<>"" then
        sqla＝sqla&",tel"
        sqlb＝sqlb&",'"&tel&"'"
    end if
    if home<>"" then
        sqla＝sqla&",home"
        sqlb＝sqlb&",'"&home&"'"
    end if
    if email<>"" then
        sqla＝sqla&",email"
        sqlb＝sqlb&",'"&email&"'"
    end if
    if age<>"" then
        sqla＝sqla&",age"
        sqlb＝sqlb&","&cint(age)
    end if
    if intro<>"" then
        sqla＝sqla&",intro"
        sqlb＝sqlb&",'"&intro&"'"
    end if
    strsql＝sqla&")"&sqlb&")"
    db.execute(strsql)
    if db.errors.count>0 then
        db.rollbacktrans
        response.write "保存过程中发生错误，必须重新修改"
        response.write "<p><a href='change.asp'>返回，重新修改</a>"
    else
        db.committrans
        response.write "<h2 align='center'>您的信息已经安全修改，请牢记密码</h2>"
        response.write "<p>姓名："&name
```

```
        response. write "<p>电话:"&tel
        response. write "<p>email:"&email
        response. write "<p>住址:"&name
        response. write "<p>年龄:"&age
        response. write "<p>简介:"&intro
        response. write "<p><a href='change. asp'>返回,继续修改</a>"
      end if
   end if   %> </body></html>
```

(10) 删除成员文件 delete. asp:

```
<% response. buffer=true%>
<! ——#include file="connection. asp"——>
<html> <head><title>删除成员</title></head>
<body>
<h2 align="center">删除成员</h2> <center>   <form method="post" action="">
    <table border="0" width="90%" bgcolor="lightgreen">
        <tr><td>姓名:</td><td><input type="text" name="name" size="20"> *  *
</td></tr>
        <tr><td>密码:</td><td><input type="password" name="password" size="20"
> *  *</td></tr>
        <tr><td></td><td><input type="submit" value="确定">
          </td> </tr>
    </table> </form> </center>
    <%   if trim(request("name"))<>"" and trim(request("password"))<>""then
        dim strsql
        strsql="delete from USERS where name='"&request("name") &"'and password='"
&request("password")&"'"
        dim number
        db. execute strsql,number
        if number=0 then
            response. write"姓名或密码输入错误,找不到记录"
        else
            response. write"<p align='center'>共有"&number&"条数据被删除"
        end if
      end if %></body></html>
```

(11) 查找成员文件 search. asp:

```
<% response. buffer=true %>
<! ——#include file="connection. asp"——>
<html> <head><title>查找成员</title></head>
<body>
<h2 align="center">查找成员</h2>
```

```
<center> <form method="post" action="">
<table ="0" width="90%" bgcolor="violet">
    <tr><td>姓名关键字:</td><td><input type="text"name="name" size="20"> * *
</td><td><input type="submit" value="确定"></tr>
</table></form>
<%  if trim(request("name"))<>"" then
        dim rs,strsql
        set rs=server. createobject("adodb. recordset")
        strsql="select * from users where name like '%"& trim(request("name"))&"%'"
        rs. open strsql,db,1
        if rs. recordcount<=0 then
            response. write"对不起,没有找到信息"
        else
            response. write"共找到"&rs. recordcount&"条记录" %>
    <table border="0" width="90%"> <tr bgcolor="#b7b7b7" align="center">
        <td width=10%>姓名</td>
        <td width=15%>电话</td>
        <td width=25%>email</td>
        <td width=20%>住址</td>
        <td width=10%>年龄</td>
        <td width=20%>简介</td> </tr>
<%  do while not rs. eof
        response. write"<tr bgcolor='#e6e6e6' align='center'>"
        response. write"<td>"&rs("name")&"</td>"
        response. write"<td>"&rs("tel")&"</td>"
        response. write"<td><a
href='mailto:"&rs("email")&"'>"&rs("email")&"</td>"
        response. write"<td>"&rs("home")&"</td>"
        response. write"<td>"&rs("age")&"</td>"
        response. write"<td>"&rs("intro")&"</td>"
        response. write"</tr>"
        rs. movenext
loop
end if
  end if %>
  </center></body></html>
```

(三) 系统运行演示

(1) 打开浏览器,在地址栏输入 http://localhost/AddressList,显示通讯录的主界面。如图 20-1 所示。

（2）单击左边的"显示成员"链接后，结果如图 20-3 所示。

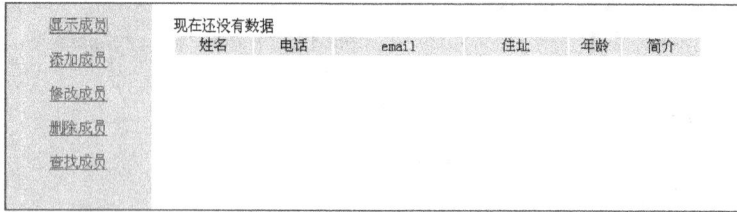

图 20-3　"显示成员"页面

（3）单击左边的"添加成员"链接后，结果如图 20-4 所示。

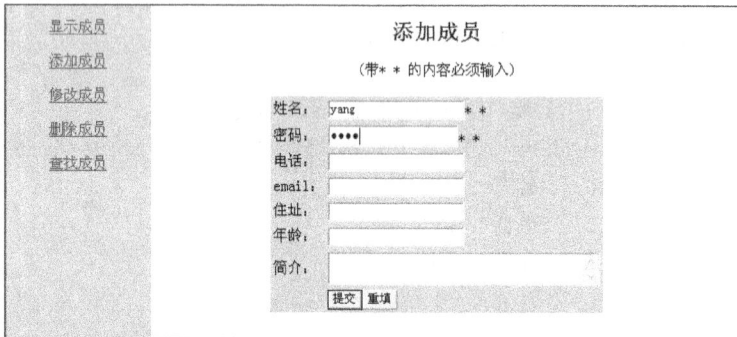

图 20-4　"添加成员"页面

（4）按"确定"后，出现如图 20-5 所示的添加成功的界面。

图 20-5　添加成功页面

（5）单击左侧的"修改成员"，出现修改成员界面，输入刚刚添加的记录的姓名和密码。如图 20-6 所示。

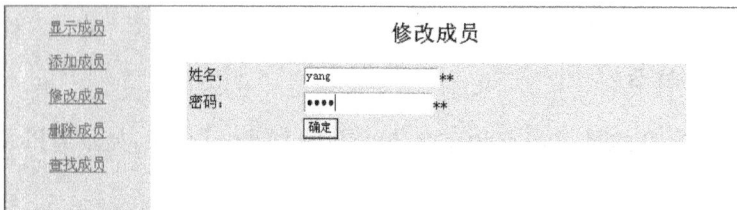

图 20-6　"修改成员"页面

（6）按"确定"后，出现将要修改的成员的信息，按照需要，修改其中信息。如图 20 - 7 所示。

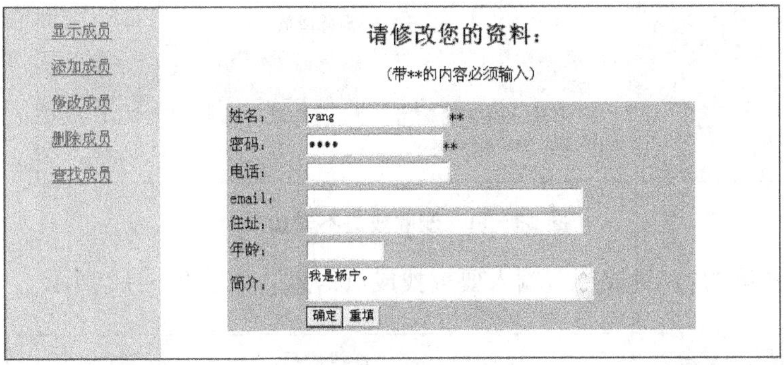

图 20 - 7　修改信息页面

（7）按"确定"后，出现成功修改信息的提示。如图 20 - 8 所示。

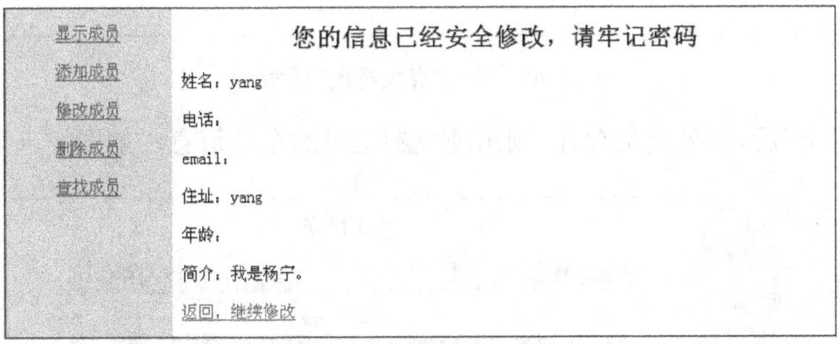

图 20 - 8　修改信息成功页面

（8）单击左侧的"删除成员"后，输入要删除的成员的姓名和密码。如图 20 - 9 所示。

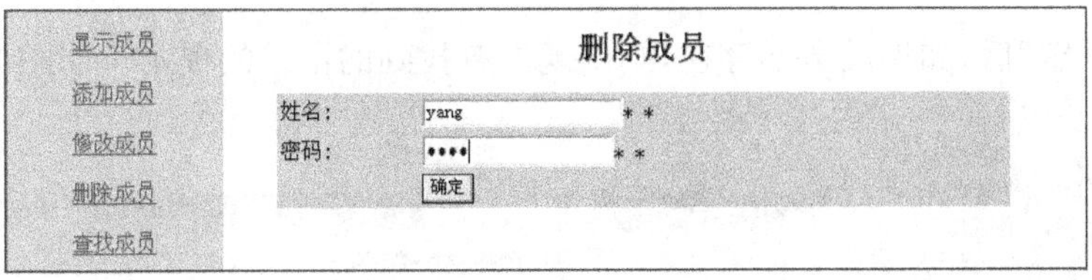

图 20 - 9　"删除成员"页面

（9）按"确定"后，如果成员存在，且姓名和密码无误，则删除成功。如图 20 - 10 所示。

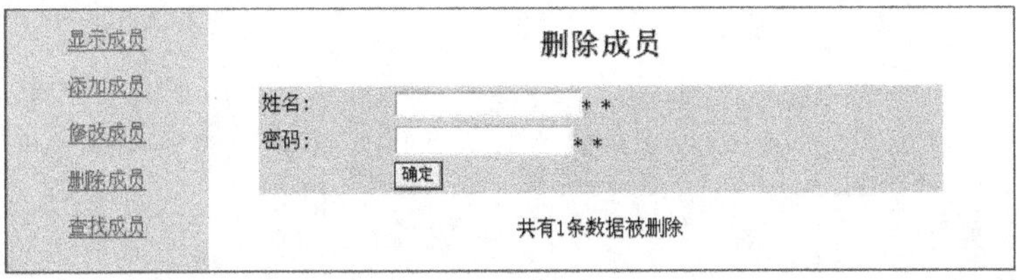

图 20 - 10　删除成员成功页面

(10) 按"确定"后,如果成员不存在,或姓名和密码有误,则出现找不到记录的提示。如图 20-11 所示。

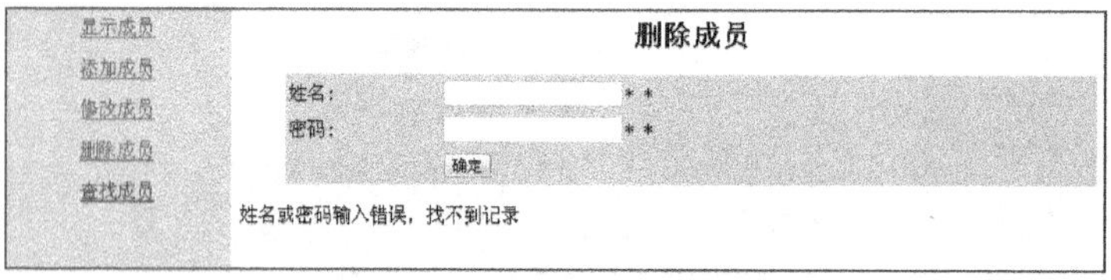

图 20-11　删除成员不成功页面

(11) 单击左侧的"查找成员",输入要查找成员信息。如图 20-12 所示。

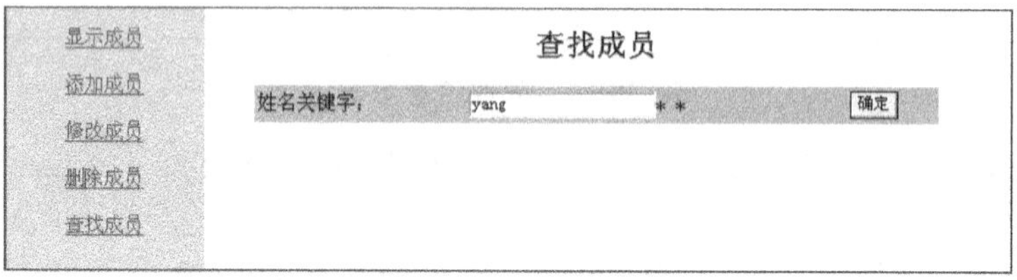

图 20-12　"查找成员"页面

(12) 按"确定"后,如果成员存在,则出现找到记录的全部信息。如图 20-13 所示。

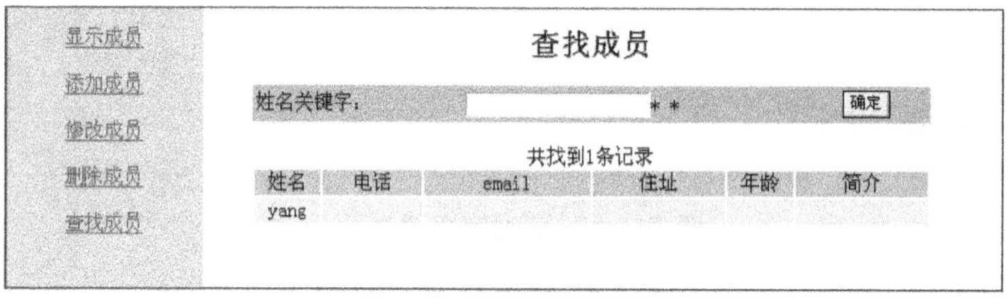

图 20-13　查找成员成功页面

(13) 按"确定"后,如果成员不存在,则出现没有找到的记录的提示。如图 20-14 所示。

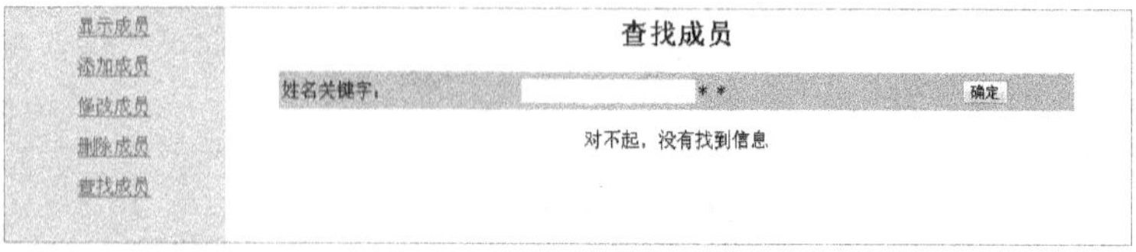

图 20-14　查找成员不成功页面

参考文献

1. 杨少敏. Oracle 数据库应用简明教程[M]. 北京:清华大学出版社. 2010.

2. (美)厄尔曼. 数据库系统基础教程[M]. 岳丽华、龚育昌等译. 北京:机械工业出版社. 2009.

3. 尚俊杰. 网络程序设计:ASP(第 3 版)[M]. 北京:清华大学出版社. 2009.

4. 明日科技. Oracle 从入门到精通(Oracle 11g)[M]. 北京:清华大学出版社. 2012.

5. (美)Kevin Loney. Oracle Database 11g 完全参考手册[M]. 刘伟琴等译. 北京:清华大学出版社. 2010.

图书在版编目(CIP)数据

大型数据库系统应用(Oracle 11g)实验教程 / 杨宁
主编. —南京:南京大学出版社,2013.3(2023.1重印)
　应用型本科院校计算机类专业校企合作实训系列教材
　ISBN 978-7-305-11484-7

　Ⅰ. ①大… Ⅱ. ①杨… Ⅲ. ①关系数据库系统—高等
学校—教材 Ⅳ. ①TP311.138

　中国版本图书馆 CIP 数据核字(2013)第 103254 号

出版发行　南京大学出版社
社　　址　南京市汉口路 22 号　　　　邮　编　210093
出 版 人　金鑫荣

丛 书 名　应用型本科院校计算机类专业校企合作实训系列教材
书　　名　**大型数据库系统应用(Oracle 11g)实验教程**
主　　编　杨　宁
责任编辑　单　宁　　　　　　　　编辑热线 025-83686531
照　　排　南京开卷文化传媒有限公司
印　　刷　广东虎彩云印刷有限公司
开　　本　787×1092　1/16　印张 9.75　字数 244 千
版　　次　2013 年 3 月第 1 版　2023 年 1 月第 5 次印刷
ISBN　978-7-305-11484-7
定　　价　32.00 元

网　　址:http://www.njupco.com
官方微博:http://weibo.com/njupco
官方微信号:njupress
销售咨询热线:(025)83594756